Historiques

Dirigée par Vincent Laniol
avec Bruno Péquignot et Denis Rolland

La collection « Historiques » a pour vocation de présenter les recherches les plus récentes en sciences historiques. La collection est ouverte à la diversité des thèmes d'étude et des périodes historiques.

Elle comprend trois séries : la première s'intitulant « travaux » est ouverte aux études respectant une démarche scientifique (l'accent est particulièrement mis sur la recherche universitaire) tandis que la deuxième intitulée « sources » a pour objectif d'éditer des témoignages de contemporains relatifs à des événements d'ampleur historique ou de publier tout texte dont la diffusion enrichira le corpus documentaire de l'historien ; enfin, la troisième, « essais », accueille des textes ayant une forte dimension historique sans pour autant relever d'une démarche académique.

Série Travaux

Pascal TEINTURIER, *L'évolution pharmaceutique. Les syndicats pharmaceutiques entre libéralisme et mutualisme 1803-1943*, 2021.
Philippe ARNOULD, *Chasseur à cheval de la garde ou la vie héroïque du colonel J.B. Varéliaud, Tome 2,* 2021.
Philippe ARNOULD, *Un hussard de légende ou la vie héroïque du colonel J.B. Varéliaud, Tome 1,* 2021.
Éric WENZEL, *Justice et société coloniales en Nouvelle-France. Le procès de l'esclave amérindienne Marie en 1759*, 2021.
Patrice VERMEREN, *Le philosophe communeux. Napoléon La Cécilia, néokantien, philologue et général de la Commune de Paris,* 2021.
Didier CHAUVET, *Le nazisme en 150 questions,* 2021.
Hacina RAMDANI, *L'université et après ? Devenirs sociaux des filles et fils d'immigrés à l'université (1950-2010)*, 2021.
Hacina RAMDANI, *Filles et fils d'immigrés à l'université : le cas lyonnais (1950-1990)*, 2021.
Vittorio et Roswitha DI MARTINO, *L'histoire secrète du bâton de lit*, 2021.

SÉBASTIEN VAILLANT, CHARLES DARWIN ET LA DIFFICILE DÉCOUVERTE DE LA SEXUALITÉ DES PLANTES

5-7, rue de l'École-Polytechnique, 75005 Paris

http://www.editions-harmattan.fr

ISBN : 978-2-343-24828-8
EAN : 9782343248288

Paul Mazliak

Sébastien Vaillant, Charles Darwin et la difficile découverte de la sexualité des plantes

L'Harmattan

Du même auteur

La biologie au XXe siècle. Les grandes avancées de Pasteur aux neurosciences, Vuibert/Adapt, Paris, 2001.

Les fondements de la biologie. Le XIXe siècle de Darwin, Pasteur et Claude Bernard, Vuibert/Adapt, Paris 2002.

Avicenne et Averroès, médecine et biologie dans la civilisation de l'Islam, Vuibert/Adapt, Paris, 2004.

Descartes. De la science universelle à la biologie, Vuibert/Adapt, Paris, 2005.

La biologie au siècle des Lumières, Vuibert/Adapt, Paris, 2006.

La naissance de la biologie dans les civilisations de l'Antiquité, Vuibert/Adapt, Paris, 2007.

L'évolution chez les végétaux. Des bactéries aux arbres et aux plantes à fleurs, Vuibert/Adapt, Paris, 2009.

Parmentier, Chaptal, Chevreul, trois grands pionniers de la chimie alimentaire, Vuibert/Adapt, Paris, 2011.

François Magendie, bouillant créateur de la physiologie expérimentale au XIXe siècle, Hermann/Adapt, Paris, 2012.

Le déterminisme de la floraison. Contrôles génétiques et épigénétiques, De Boeck, Bruxelles, 2013.

William Harvey. La circulation du sang et l'épigenèse des embryons, Hermann/Adapt, Paris 2013.

Jean Fernel, premier physiologiste de la Renaissance, Hermann/Adapt, Paris, 2015.

Felix Vicq d'Azyr, créateur révolutionnaire de l'anatomie comparée, Hermann/Adapt, Paris, 2017.

Brève histoire de l'anatomie de l'Antiquité à Vésale, Adapt/Snes, Paris, 2018.

Introduction

Le sexe a de tout temps fait rêver les humains. Associées à l'érotisme, à la séduction ou à la puissance, les considérations liées au sexe accaparent l'esprit des adolescents. Dans la pensée de tous ceux qui envisagent la condition humaine, l'espèce des hommes (« le genre humain ») présente toujours deux « genres sexués » différents : masculin et féminin ; les discussions sont aujourd'hui interminables sur le point de savoir si le genre sexué d'un humain est déterminé par des caractères purement biologiques ou bien s'il s'agit d'une construction sociale. Sigmund Freud donne l'avis des psychanalystes :

« La sexualité [des êtres humains] est détachée de ses relations par trop étroites aux organes génitaux et elle est posée comme une fonction du corps plus englobante, touchant au plaisir, qui n'entre que secondairement au service de la reproduction… »[1]

Le sexe des animaux ne donne pas lieu, en général, à de semblables débats. Un lion est puissant, agressif, orné d'une belle crinière ; c'est un être mâle et l'origine biologique de son sexe ne fait aucun doute : ses testicules, la testostérone secrétée dans son sang, suffisent pour affirmer son caractère mâle. La lionne n'a pas de crinière, elle allaite puis élève les lionceaux : la présence d'un utérus et de mamelles indique définitivement son sexe femelle. Les animaux sans caractères sexuels secondaires, hermaphrodites, comme l'escargot, ont moins retenu l'attention des humains.

Mais qu'en est-il du sexe des plantes ? La littérature est très équivoque à ce sujet. On dit le chêne et le roseau, le chèvrefeuille et le muguet… Pourtant personne ne lie le sexe mâle à ces plantes ; en fait, il s'agit d'individus appartenant à des espèces soit *monoïques* (les plantes portent des fleurs mâles et femelles

[1] p. 85 *in* S. Freud, Autoprésentation, *Œuvres complètes (1923-1925)*, PUF, Paris, vol. 17, 352 pages (1992).

distinctes) soit à des espèces *hermaphrodites* (les plantes portent des fleurs renfermant des organes génitaux des deux sexes) ; il existe aussi des espèces *dioïques* constituées d'individus de l'un ou l'autre sexe ! Sur le même arbre, le chêne (monoïque) porte des fleurs mâles, sans pétales, en chatons pendants sous les jeunes feuilles, et d'autres fleurs, femelles, également sans pétales, en petits rameaux dressés à l'extrémité des jeunes branches (Figure 1) Une fois fécondées, les fleurs femelles donneront les glands.

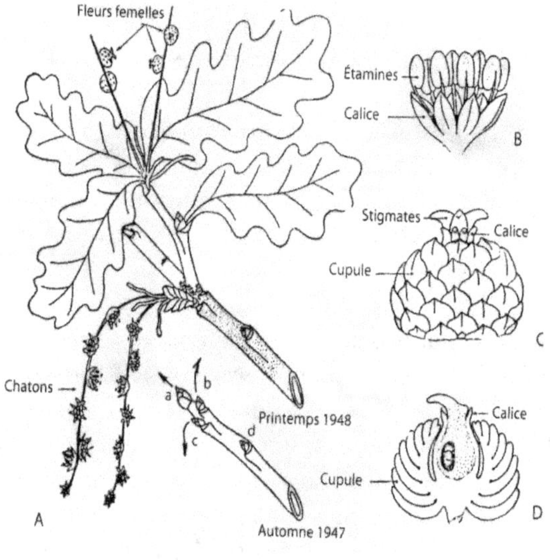

Figure 1 – Floraison du Chêne.
A : rameau fleuri au printemps 1948, issu du rameau de l'automne 1947 figuré en dessous. Le bourgeon **a** de 1947 a donné au printemps suivant un rameau normal feuillu ; le bourgeon **b** a donné deux rameaux courts porteurs de fleurs femelles ; le rameau **c** a produit plusieurs chatons de fleurs mâles ; le bourgeon **d** ne s'est pas développé. B : fleur mâle à étamines. C : fleur femelle ; les stigmates du pistil débordent la cupule périphérique. D : coupe longitudinale de la fleur femelle ; les carpelles soudés de l'ovaire sont pointillés. (D'après P. Vincent, *Sciences d'observation*, Vuibert, Paris, 1956, 264 pages.)

Le roseau commun est une graminée dont les inflorescences en épillets portent à la fois des organes génitaux mâles (étamines) et femelles (ovaires). Le chèvrefeuille et le muguet ont des fleurs hermaphrodites. On dit aussi la rose, la jacinthe et la tulipe… mais, malgré leur grâce et leur beauté, ces plantes ne sont que très rarement tenues pour femelles, même en ce qui concerne la rose « qui ce matin avait déclose sa robe de pourpre au soleil ». Et de fait, cette rose est hermaphrodite[2] ! Il n'est peut-être pas inutile, avant d'aborder l'histoire de la difficile découverte de la sexualité des plantes en botanique, de rappeler la structure de la fleur des plantes supérieures. Les botanistes décrivent l'organisation théorique de la fleur complète d'une espèce hermaphrodite (sans sexes séparés) de la manière suivante. Sur le *réceptacle* terminant le *pédoncule floral*, on distingue successivement, de l'extérieur vers l'intérieur de la fleur (figure 2) :

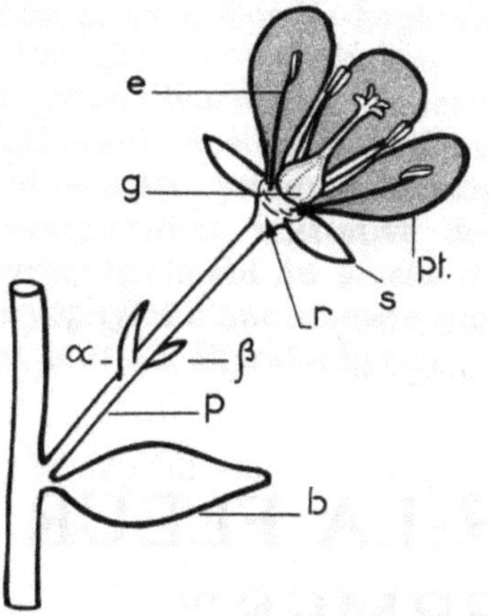

Figure 2 –Organisation théorique d'une fleur complète.
b : bractée ; p : pédoncule floral ; α,β préfeuilles ; r : réceptacle ; s : sépale ; pt. : pétale ; e : étamine ; g : gynécée.

[2] Du grec *Hermaphroditos*, fils mythologique d'*Hermès*, dieu du commerce et des voyageurs et d'*Aphrodite*, déesse de la beauté. Une fleur hermaphrodite est bisexuée renfermant à la fois des organes reproducteurs mâles et femelles.

1°) le *périanthe,* comprenant les deux « cercles » ou « verticilles » d'enveloppes entourant les organes reproducteurs ; ces deux verticilles sont le *calice*, ensemble des *sépales*, (souvent verts et de structure proche de celle des feuilles) et la *corolle*, ensemble des *pétales*, feuilles habituellement très modifiées, pigmentées, portant fréquemment des glandes de nectar qui attirent les insectes.

2°) L'*androcée*, premier verticille sexué (simple ou double, quelquefois spiralé) constitué d'*étamines*, formées chacune d'un *filet* portant l'*anthère* qui laisse échapper, à maturité, les *grains de pollen.* Ces grains produiront, après quelques divisions cellulaires, les cellules reproductrices (gamètes) mâles : *anthérozoïdes* ou *spermatozoïdes*.

3°) Le *gynécée*, verticille interne d'organes reproducteurs femelles, composé des *carpelles*, qui sont des feuilles très modifiées, formant des sortes d'urnes renfermant dans leurs cavités internes (simples ou cloisonnées) les *ovules*, organes contenant les « sacs embryonnaires » où se trouveront les cellules reproductrices (gamètes) femelles ou *oosphères*. Les carpelles du gynécée peuvent être isolés les uns des autres ou adhérents pour former un *pistil*. Le ventre (ou *ovaire*) du pistil se prolonge par un *style* allongé, terminé par des lames gluantes ou *stigmates*. Lorsqu'ils tombent dessus, les grains de pollen sont retenus par les stigmates gluants et dès lors leurs anthérozoïdes vont pouvoir féconder les ovules.

Ce sont les carpelles clos du gynécée, renfermant les graines après fécondation ou les ovules, avant fécondation, qui ont conduit les botanistes à nommer *Angiospermes* les plantes à fleurs. Le terme *Angiosperme* dérive du grec *aggeion* (vase, tout ce qui sert à contenir) et *sperma* (graine). Les angiospermes sont les plantes dont les graines (ou les ovules) sont enfermées dans un vase ; notons que les *Gymnospermes* (Pins, Sapins, Épicéas) portent des graines « nues » (du grec *gumnos*, nu), non enveloppées. Ajoutons que le pédoncule floral porte fréquemment une petite feuille (la bractée) et entre la bractée et le réceptacle, une ou deux petites *préfeuilles*.

Diversité morphologique des organisations florales

Pour concrétiser le schéma général de constitution de la fleur, nous ne donnerons ci-dessous qu'un aperçu des principales morphologies florales rencontrées chez les Angiospermes. Nous prendrons trois exemples.

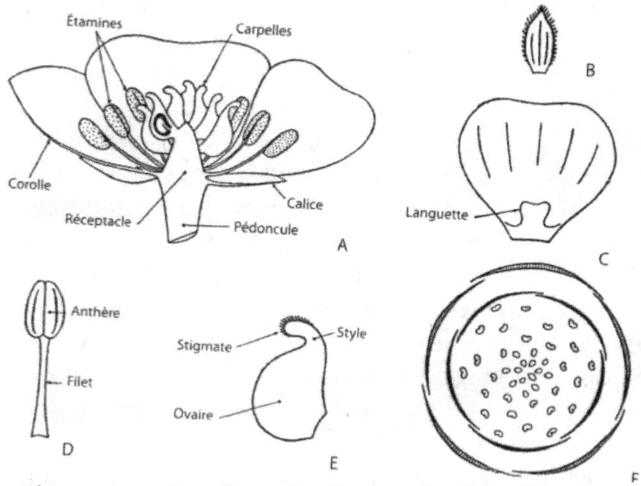

Figure 3 – La fleur de Renoncule âcre (Renonculacée primitive)

A : coupe longitudinale de la fleur ; B : sépale ; C : pétale ; D : étamine ; E : carpelle ; F : diagramme floral. (D'après P. Vincent)

1) La **fleur de Renoncule âcre** (couramment nommée bouton d'or ; figure 3, ci-dessus).

C'est une fleur dite « régulière » : les pièces florales, insérées sur le réceptacle, à l'extrémité du pédoncule, sont disposées selon une symétrie radiale par rapport au centre de la fleur. Le périanthe comprend un premier verticille de cinq sépales libres, d'aspect verdâtre, et un deuxième verticille de cinq pétales libres, bien développés et colorés par un pigment jaune éclatant. Sur la face interne de chaque pétale se trouve un *onglet*, terminé par une languette, derrière lequel s'accumule le nectar secrété par une glande microscopique : le *nectaire.*

L'androcée groupe de nombreuses étamines disposées en spirale sur le réceptacle terminant le pédoncule floral. Cette disposition spiralée est un caractère primitif, d'une plante peu évoluée.

Le gynécée comprend un grand nombre de carpelles libres, également disposés en spirale au centre de la fleur. Chaque carpelle est formé de trois parties : à la base, l'ovaire, renflé, contenant l'ovule ; au-dessus le style, sorte de col fin prolongé par une grosse papule velue : le stigmate gluant.

La *formule florale* résume de façon abrégée la constitution de la fleur. Pour la Renoncule, la formule s'écrit : 5S+5P+nE+nC où S=sépale, P=pétale, E=étamine et C=carpelle. Cette formule se traduit graphiquement par un *diagramme floral* qui schématise une coupe transversale de la fleur passant par un niveau moyen intéressant toutes les pièces florales. Sépales et pétales sont figurés par des arcs de cercle, les étamines par la coupe de leurs anthères et le gynécée par la coupe transversale des carpelles, non soudés dans le cas de la Renoncule.

2) L'analyse de la **fleur de Giroflée** (figure 4), plante plus évoluée, montre l'organisation d'une fleur « régulière », à symétrie rayonnante et nombre réduit de pièces florales. La formule florale de la Giroflée est : 4(2+2) S+ 4P+ 6 E (2petites E à nectar + 4 grandes E) + 2 C soudés sur toute leur longueur.
Les quatre pétales jaunes, veinés de brun, sont disposés en croix, ce qui est caractéristique de l'ancienne famille des Crucifères (choux, colza, moutarde, radis, etc.)

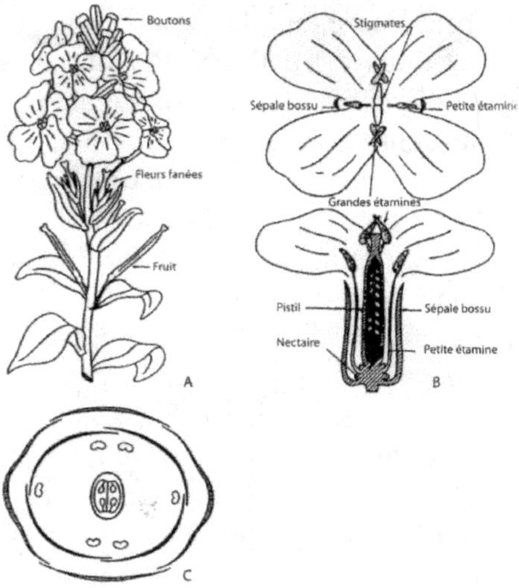

Figure 4 – <u>La fleur de Giroflée (Crucifère)</u>
A : rameau fleuri ; B : fleur – plan et coupe longitudinale ; C : diagramme floral. (D'après P. Vincent)

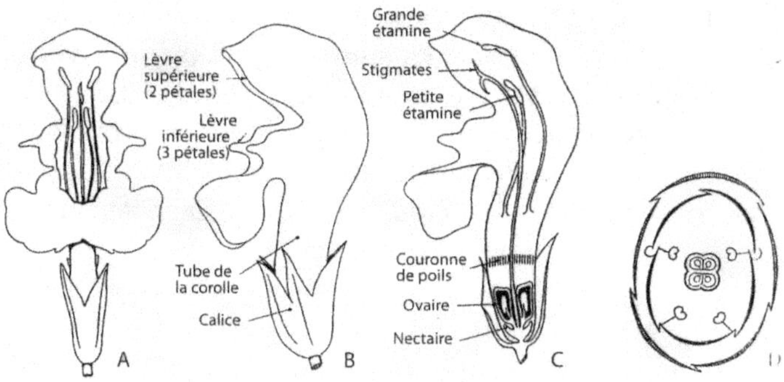

Figure 5 – <u>La fleur irrégulière de Lamier blanc (Labiée)</u>
A : fleur vue de face ; B : Fleur vue de profil ; C : Coupe longitudinale de la fleur montrant les deux sortes d'étamines ; D : diagramme floral. (D'après P. Vincent)

3)Un troisième exemple, celui de la **fleur de Lamier blanc** (figure 5) nous offre l'occasion de présenter une fleur complète « irrégulière », à symétrie bilatérale par rapport à un plan passant au centre de la fleur. La fleur de lamier blanc possède une corolle à deux lèvres (supérieure et inférieure). Ce verticille est formé de cinq pétales soudés : trois pour la lèvre inférieure, deux pour la lèvre supérieure. Ces deux lèvres de la corolle ont donné l'ancien nom de la famille de fleurs (les Labiées) à laquelle appartiennent les lamiers, la sauge, le thym, le romarin, la menthe, etc. Les cinq sépales qui entourent la corolle sont verts et presque égaux. Il y a quatre étamines (deux grandes et deux petites) soudés à la lèvre inférieure de la corolle et deux carpelles soudés formant un ovaire à quatre loges contenant chacune un seul ovule. La formule florale du Lamier blanc est la suivante : 5 S + 5 (3 + 2) P + 4 (2 + 2) E + 2 C.

La diversité des morphologies florales est très grande. Depuis Tournefort (1656-1708), Linné (1707-1778) et Jussieu (1748-1826), pour ne citer que les plus grands botanistes des siècles passés, la classification des Angiospermes utilise largement la variété des organisations florales, parce que l'appareil reproducteur de ces plantes est beaucoup moins soumis aux contraintes environnementales que l'appareil végétatif (feuilles, tige, racines). La morphologie florale, dans chaque famille est donc beaucoup moins variable que la morphologie de la tige feuillée. Nous verrons plus loin, cependant, que Sébastien Vaillant se montrera très critique vis-à-vis de la méthode de classification proposée par Tournefort.

Les divers types de sexualité des plantes à fleurs en Botanique moderne

Pour permettre au lecteur de mieux suivre l'histoire de la découverte de la sexualité des plantes à fleurs, il nous paraît intéressant de passer brièvement en revue tous les types de sexualité des plantes à fleurs repérés par la Botanique moderne.

Les *fleurs complètes* comprenant quatre verticilles de pièces florales (sépales, pétales, étamines et carpelles) sont hermaphrodites ou bisexuées.

Les *fleurs incomplètes* peuvent être apétales et hermaphrodites (comme les fleurs de betterave ou de blé) ou bien apétales et unisexuées, comme les fleurs de Chêne (figure 1).

Selon les études botaniques récentes, les espèces de plantes à fleurs sont en grande majorité (à 90% ou plus) **hermaphrodites**. Ce caractère peut être réalisé de plusieurs façons. Dans le cas le plus simple, les plantes portent des *fleurs complètes* sur leur pied. La **monoécie** (du grec *monos*, un seul, *oikos,* logis) désigne l'état sexuel d'espèces encore hermaphrodites mais ne possédant sur un même pied que des fleurs incomplètes unisexuées, soit staminées (mâles), soit pistillées (femelles). (Voir la figure 6, ci-après). Cette situation intéresse environ 7% des espèces d'Angiospermes : bouleaux, noisetiers, aulnes, chênes, hêtres, etc., soit la majorité des arbres des forêts tempérées.

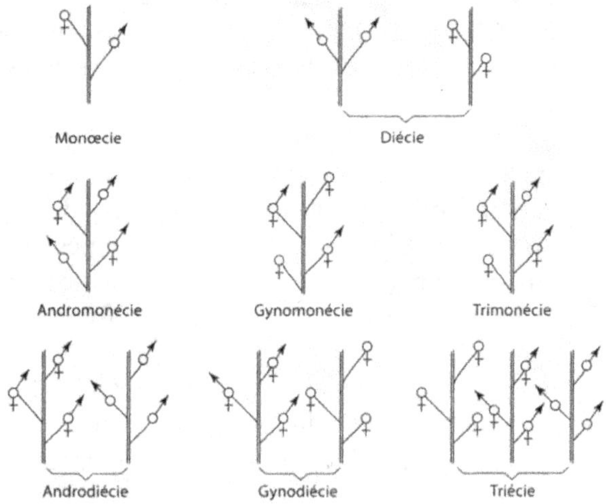

Figure 6 – États sexuels particuliers des plants d'Angiospermes monoïques ou dioïques. (Explication des termes dans le texte).

La **diécie** (du grec *dios*, deux, et *oikos,* logis) désigne l'état sexuel des **espèces dioïques** dans lesquelles pieds mâles et pieds femelles sont séparés ; ceci est réalisé dans environ 6% des espèces d'Angiospermes : saules, palmiers, orties, bryones, etc.

La présence simultanée, sur un même pied, de fleurs hermaphrodites et de fleurs unisexuées (mâles ou femelles) [parfois appelée *polygamie*] n'intéresse qu'un très petit nombre d'espèces. Cet état sexuel particulier peut se présenter sous six aspects différents (voir la figure 6). Dans le cas de plantes monoïques :

1) **Andromonécie** ; sur un même pied, on trouve des fleurs hermaphrodites et des fleurs unisexuées mâles. C'est le cas du marronnier.
2) **Gynomonécie** : sur un même pied, fleurs hermaphrodites et fleurs unisexuées femelles. C'est le cas de la pariétaire.
3) **Trimonécie** : sur un même pied, fleurs hermaphrodites et deux sortes de fleurs unisexuées, les unes mâles et les autres femelles. C'est le cas du platane ou du ricin.
   Dans le cas de plantes dioïques :
4) **Androdiécie** : espèces dioïques à pieds soit hermaphrodites, soit mâles, ne présentant que des fleurs unisexuées staminées. C'est le cas de la caltha des marais.
5) **Gynodiécie** : espèces dioïques à pieds soit hermaphrodites, soit femelles, ne présentant que des fleurs unisexuées pistillées. C'est le cas du thym.
6) **Triécie** : espèces dioïques à trois types de pieds sexués, soit hermaphrodites, soit unisexués femelles, soit unisexués mâles. C'est le cas du frêne.

Dans la figure 6, ci-dessus, où sont représentés sous forme schématique tous les types de plantes sexuées trouvés parmi les angiospermes, nous utilisons les symboles classiques suivants :

♂ fleur unisexuée mâle, ♀ fleur unisexuée femelle, ⚥ fleur hermaphrodite.

Dans les espèces « polygames », les pistils des fleurs hermaphrodites doivent être fécondés par le pollen d'une fleur unisexuée mâle. L'autofécondation d'un pistil par le pollen des étamines de la même fleur semble impossible, parce que pollen et stigmates d'une même fleur sont généralement « incompatibles » (voir plus loin, p. 108).

Chapitre 1

Le sexe des plantes en botanique avant Sébastien Vaillant

La science botanique fut très longue à se mettre en place et la question du sexe des plantes se posa très tôt, sans pouvoir être résolue pendant plusieurs siècles. Après l'époque Néolithique, au début de laquelle les premiers hommes avaient installé l'agriculture sur leurs territoires, les plus anciennes civilisations (celles des Babyloniens, des Assyriens, des Perses, des Égyptiens, celles de l'Inde ou de la Chine) élaborèrent des jardins, souvent irrigués et très soignés, où l'on cultivait de multiples plantes répondant à divers besoins : des plantes potagères ou des arbres fruitiers pour la nourriture, des fleurs pour la décoration, des plantes médicinales pour leurs propriétés thérapeutiques. « Tous ces développements créèrent des conditions favorables pour l'acquisition d'un premier savoir sur les plantes, savoir systématique et transmis de génération en génération, qui naquit dans les vieux centres de civilisation, en premier lieu comme une aide apportée à la médecine. On consigna désormais des listes de plantes réputées utiles pour soigner les maladies ou les blessures.[3] »

I. Le sexe des plantes dans l'Antiquité grecque

Dès l'Antiquité grecque, parce que les poètes et les philosophes considéraient que tous les êtres vivants étaient obligatoirement sexués, les plantes se virent attribuer un sexe, de façon tout à fait arbitraire.

Empédocle d'Agrigente (490-435 avant J.C.), médecin grec de Sicile, est un des premiers philosophes à évoquer la reproduction sexuée des plantes. Il écrit, par exemple, dans son poème *De la Nature* (dont ne nous sont parvenus que quelques fragments) que « les semences sont aux plantes ce que les œufs

---

[3] p. 7 (traduction de l'auteur) *in* A.G. Morton, *History of Botanical Science*, Academic Press, Londres, 1988, 3e édition, 474 pages.

sont aux animaux[4] ». Dans l'œuvre d'Empédocle, on peut aussi lire : « Ainsi les grands arbres portent comme des œufs, d'abord les olives […], d'autres, les grenades tardives et leurs fruits succulents… » [5] On peut penser que c'est la forme des olives qui a incité au rapprochement avec les œufs.

On considère généralement **Aristote** (384-322 avant J.C.) comme le fondateur de la science botanique. Ses écrits sur les végétaux, notamment sa *Théorie ou Histoire des Plantes*, ont été perdus, mais les quelques fragments qui en restent nous en donnent une idée. Aristote tend à penser que tous les êtres vivants (surtout les animaux) sont sexués mais il est quelque peu hésitant sur l'existence d'une sexualité chez les végétaux. Il a cependant repéré dans certaines espèces (le palmier dattier, par exemple) l'existence de deux sortes d'individus dont la collaboration est nécessaire pour obtenir la fructification. À côté de nombreuses assertions hypothétiques ou erronées, énoncées dans divers mémoires, Aristote a émis des opinions fort justes au sujet de l'analogie fonctionnelle de l'embryon animal avec l'embryon végétal.

Dans *Génération des animaux*[6], Aristote s'exprime ainsi sur la sexualité en général, celle des animaux qui est la seule qu'il peut appréhender clairement :

« On a toute raison de considérer comme principe et cause de la génération, la femelle et le mâle ; le mâle comme ayant le principe moteur et générateur, la femelle comme ayant le principe de matière. […] Nous entendons par mâle l'être qui engendre dans un autre être, et par femelle, celui qui engendre en lui-même. […] Car la femelle est caractérisée par une impuissance ; celle où elle se trouve d'opérer une coction du sperme à partir de la nourriture élaborée (c'est-à-dire du sang ou

---

[4] On connaît ce vers par une citation d'Aristote dans *Génération des animaux*, [voir la bibliographie] chapitre XVII, ¶ 1.

[5] Empédocle, fragments 79-81 D, publiés par Paul Tannery, *Pour l'histoire de la Science hellène, De Thalès à Empédocle,* Gauthiers-Villars, Paris, 1930, 435 pages.

[6] Aristote, *Génération des animaux*, Les Belles Lettres, Paris, 2013, 440 pages.

son analogue chez les non-sanguins) en raison de la froideur de sa nature. » (Livre I, chapitre II)

Sur la formation de l'œuf et du futur embryon, Aristote s'exprime ainsi :

« Le mâle fournit la forme et le principe du mouvement, la femelle le corps et la matière. C'est comme dans la coagulation du lait : le lait est le corps, et le suc de figuier ou la présure fournit le principe coagulant ; ce qui vient du mâle produit la même action en se morcelant dans la femelle. » (Livre I, chapitre XIV)

Puis sur la sexualité des plantes, on peut lire :

« Dans les animaux qui se meuvent, la femelle est séparée du mâle, l'un et l'autre sont individuellement des animaux différents, mais l'espèce est la même pour les deux [...]. Mais dans les plantes, ces deux puissances sont réunies et la femelle n'est pas séparée du mâle. Ainsi les plantes se reproduisent-elles d'elles-mêmes ; elles n'émettent pas de liqueur génératrice, mais elles ont des productions qu'on appelle leur semence.

On ne peut donc qu'approuver Empédocle quand il dit dans ses vers :

« Tels les grands oliviers ont dû pondre leurs œufs ».

Car l'œuf n'est qu'un germe, et c'est d'une de ses parties que naît l'animal, le reste ne sert qu'à le nourrir ; de même le végétal vient d'une partie de la semence, et le reste devient la nourriture de la tige et de la racine. » (Livre I, Chapitre XVII)

Plus loin, Aristote ajoute :

« On pourrait assez grossièrement se figurer que les plantes sont divisibles autant que les animaux, comme si, lorsque les plantes ont produit leur semence, on les désunissait en isolant la femelle du mâle qu'elles contiennent. Mais la Nature a bien sagement disposé tout cela : l'organisation des végétaux n'a pas d'autre objet ni d'autre action que de produire de la semence ; et comme cette production ne peut avoir lieu que par l'accouplement de la femelle et du mâle, la Nature a eu soin de les mêler et de les unir l'un à l'autre dans les plantes [puisque les plantes ne peuvent se mouvoir]. Aussi voilà comment, dans les plantes, la femelle et le mâle ne sont pas séparés. » (Livre I, Chapitre XVII)

De toute évidence, Aristote est troublé par l'existence d'espèces végétales à sexes séparés (« dioïques ») où les pieds mâles et femelles sont distincts : telles les orties, les bryones, les saules, les palmiers dattiers, etc… Cependant les plantes à fleurs sont, en grande majorité, hermaphrodites, à plus de 90 % environ.

Trois disciples d'Aristote cultivèrent la botanique : Phanias d'Érèse, Dicéarque de Messine et Théophraste. Le dernier seul a laissé deux ouvrages importants : *Histoire des Plantes* et *Causes des Plantes.* **Phanias d'Érèse** (IVe siècle avant J.C.), ami et condisciple de Théophraste, étudia les Ombellifères et les Légumineuses. Dans son ouvrage : *Sur les Plantes*, dont on n'a conservé que quelques fragments, on trouve cette phrase : « certaines plantes n'ont ni fleurs, ni organes de fructification apparents, comme les champignons, les mousses, les fougères. » Phanias définissait donc ainsi, sans le savoir, les *Cryptogames,* végétaux ayant des organes reproducteurs cachés et formant des embranchements importants de la Botanique moderne. Aux *Cryptogames*, on oppose aujourd'hui les *Phanérogames*, végétaux présentant des organes reproducteurs apparents (plantes à fleurs et Gymnospermes [pins, sapins …]). **Dicéarque de Messène,** dans le Péloponnèse, (347-285 avant J.C.), philosophe et géographe grec, se lia d'amitié avec Théophraste. Ayant été chargé par les successeurs d'Alexandre le Grand de mesurer la hauteur des montagnes de Grèce, il en profita pour décrire en même temps les arbres et les plantes herbacées qui forment la végétation du mont Pélion (1471 m) en Thessalie. On ne connaît pratiquement rien de ses ouvrages.

Théophraste (371-288 avant J.C.) fut le plus grand botaniste de l'Antiquité. Il succéda à Aristote comme chef de file de l'école péripatéticienne et sut apporter dans l'étude des végétaux des idées dépourvues des préjugés de son époque, en affirmant par exemple que la nature agit conformément à ses propres lois, et non dans l'intention d'être utile aux humains. En véritable naturaliste, il créa des termes nouveaux pour les structures des plantes : fibre, parenchyme (en donnant à ce terme le sens de « chair »), bois ; il différencia (voir la figure 7) le bois du Palmier (Monocotylédone) en plusieurs cercles concentriques du bois à un seul cercle des arbres Dicotylédones (Chênes, Hêtres, Châtaigniers, etc.) Le nombre des plantes que

Théophraste a énumérées et en partie décrites est d'environ cinq cents, à peu près toutes de la région orientale du bassin méditerranéen. Parmi ces plantes : le citronnier, la mûre, l'oseille, le silphion (ou férule), etc. Il est souvent difficile, cependant, d'assimiler les plantes nommées par Théophraste aux espèces que nous connaissons.

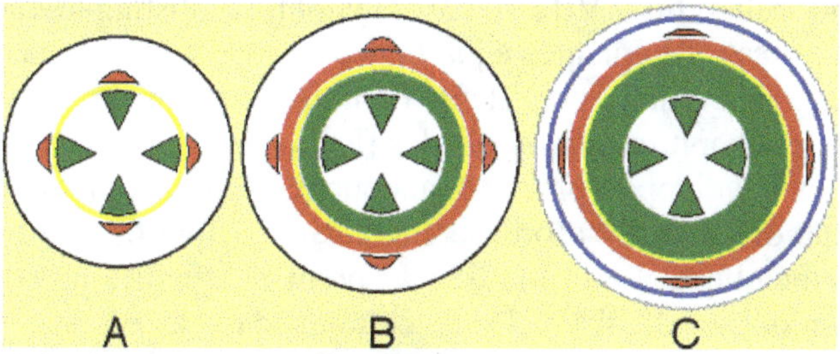

7A

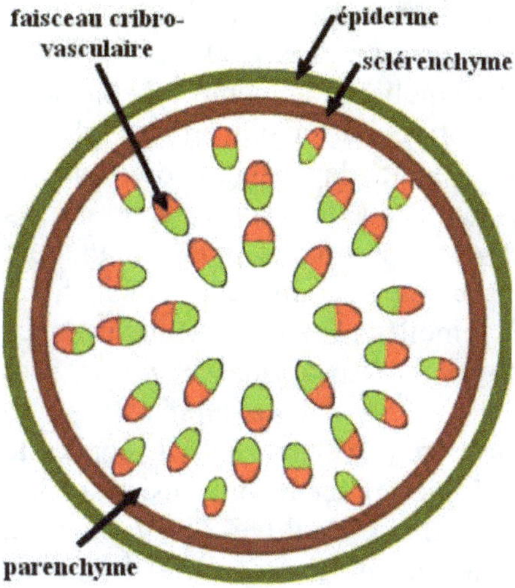

7B

Figure 7 – <u>Différenciation de la coupe transversale d'un tronc de Chêne (Dicotylédone, fig. 7A), de celle d'un stipe de Palmier (Monocotylédone, fig. 7B,).</u> Dans les deux coupes le bois est en vert et le liber (tissu nourricier) en rouge. Le cambium, assise génératrice des tissus secondaires (en jaune) n'existe que chez les Dicotylédones. Après un certain temps de croissance, le bois forme une assise circulaire concentrique dans les Dicotylédones, tandis que les faisceaux libéro-ligneux sont répartis sur toute la surface de la coupe chez les Monocotylédones. [*Les figures sont de R. Pratt, SNV, Université P. et M Curie*]

Les deux ouvrages de botanique de Théophraste qui nous sont parvenus ont pour titre : *Histoire des Plantes*, en dix livres, et *Des causes des phénomènes végétaux*, en six livres.

L'Histoire des plantes[7] traite, dans le premier livre, des parties d'une plante : racines, tige, feuilles, fleurs, fruits, semences. Les nervures des feuilles sont assimilées aux veines des animaux et la sève est comparée au sang. La classification de Théophraste divise les végétaux en : arbres, arbrisseaux, arbustes (ou buissons) et plantes herbacées ; cette classification perdurera jusqu'au milieu du XVIIe siècle. Théophraste distingue encore plantes terrestres et plantes aquatiques, plantes à feuillage caduc et plantes à feuillage persistant. Pour la question du sexe des plantes, les chapitres qui traitent des fleurs, des fruits, des graines et de leurs enveloppes, offrent beaucoup d'intérêt. Selon l'auteur, il est une différence « d'ordre général qui permet de distinguer l'arbre femelle et l'arbre mâle : le premier fructifie alors que l'autre n'a pas de fruit. Dans certains cas, là où les deux fructifient, l'arbre femelle donne des fruits plus beaux et plus nombreux » (*Recherches sur les plantes*, Livre III).

La distinction : mâle/femelle peut même revenir à un simple expédient de nomenclature : « La plupart des plantes sauvages, écrit Théophraste, sont dépourvues de nom et familières à très peu de gens tandis que les espèces domestiques sont plus souvent désignées par des noms et plus couramment connues [...]. Les plantes sauvages se divisent seulement et surtout en plantes mâles et femelles ; les plantes domestiques [=cultivées] se divisent en de nombreuses formes. » (*Recherches sur les Plantes*, Livre I, 14). Tout cela est bien imprécis.

À la fin du deuxième livre (au chapitre 9), Théophraste décrit la « caprification » du figuier, procédé qui consiste à hâter la maturation des fruits du figuier cultivé (*Ficus carica*, considéré comme femelle). La figue n'est pas un vrai fruit mais une inflorescence creuse dans laquelle les fleurs se développent en donnant, après fécondation, de minuscules fruits. Le réceptacle charnu, entourant l'inflorescence, s'épaissit après la fécondation (Figure 8).

---

7 Théophraste, *Histoire des plantes* ou *Recherches sur le Plantes*, [*Historia Plantarum*], Belin, Paris, 2010, 414 pages.

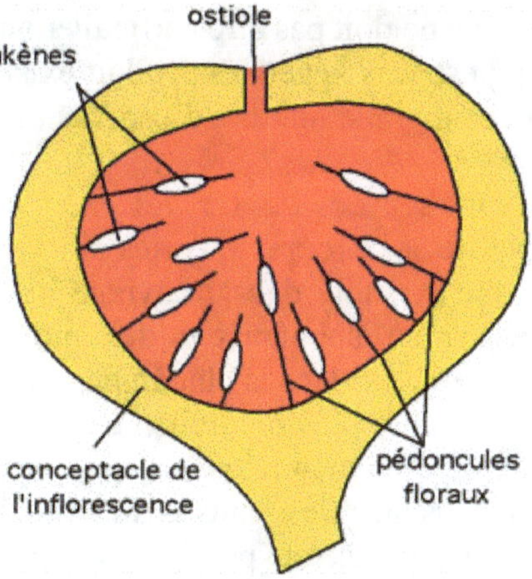

Figure 8. Structure schématique d'une figue

La caprification revient à installer dans l'arbre cultivé des branches d'un figuier sauvage mâle (nommé « caprifiguier »), portant des figues mâles incomestibles, mais contenant un insecte pollinisateur : le blastophage, *Blastophaga psenes,* de sexe femelle. Celui-ci fait des piqûres dans les figues immatures de l'arbre cultivé, pour pondre ses œufs, ce qui apporte en même temps le pollen des fleurs mâles aux fleurs femelles et provoque la maturation des fruits de l'arbre cultivé. Théophraste ne comprend évidemment rien à ce qui se passe au cours de la « caprification » du figuier.

Des bas-reliefs des IXe et VIIIe siècles avant J.C. montrent que, vraisemblablement, les Assyriens pratiquaient déjà la fécondation artificielle des palmiers dattiers. Théophraste connaissait ce procédé, puisqu'il écrit :

« On prétend que le fruit du palmier femelle n'atteint pas son complet développement lorsqu'on ne saupoudre pas [dessus] de la poussière de la fleur mâle : ce fait est étrange, mais il se rapproche du phénomène de la caprification de la figue. On pourrait presque conclure de ce qui précède que la plante femelle ne suffit pas à amener le fœtus à un développement complet ;

mais ce phénomène ne doit pas être particulier aux plantes d'une seule ou de deux espèces végétales ; il doit exister chez tous les végétaux ou chez un grand nombre d'espèces différentes.[8] »

Dans l'ouvrage *Les causes des phénomènes végétaux*[9] Théophraste expose ses propres théories sur la vie des plantes, comme l'avait fait Aristote dans l'ouvrage qui a été perdu. Il admet la « génération spontanée » des moisissures ou des mousses, mais il croit que dans la plupart des cas, la reproduction des végétaux s'explique plus naturellement par le transport des semences par la pluie ou même le vent, qui disperse les graines. La présence ou l'absence des fruits et des fleurs dépend, selon lui, de la nature des lieux où poussent les plantes et de l'air ambiant ; ce sont les mêmes conditions que pour la chute ou la conservation du feuillage (Livre I). Vient en dernier lieu de l'énumération des organes des plantes, la graine, commune à tous. Cette graine contient, innés en elle, l'humide et le chaud, dont le défaut laisse les graines stériles tout comme les œufs (Livre I).

Tous les phénomènes de la végétation sont dus, pour Théophraste, à la chaleur et à l'humidité ;

« Les arbres trop rapprochés, écrit-il, sur lesquels n'agissent ni le soleil ni le vent, deviennent élancés et grêles ; ils perdent facilement leurs fruits avant la maturité. […] Les arbres stériles ou portant peu de fruits vivent plus longtemps que les arbres fertiles. »

Théophraste semble assimiler les tubercules à des fruits. Il ajoute :

« Chez les plantes mâles, les sucs nutritifs sont en grande partie absorbés par les racines, les tiges et les feuilles, et il n'en reste plus assez pour la production des fruits, de sorte que la

---

[8] Cité p. 23 par Jean Vallade, *L'œil de lynx des microscopistes ; La sexualité végétale : l'apport des micrographes depuis le XVIIe siècle*, Éditions universitaires de Dijon, Dijon, 2008, 337 pages.

[9] Théophraste, *Les causes des phénomènes Végétaux, [De causis plantarum]*, Les Belles Lettres, Paris, 2015, 352 pages.

fécondité est en raison inverse des organes de la végétation. » (Livre II, 10-11)

En définitive, certaines plantes sont dotées, dans l'Antiquité grecque, d'une identité masculine ou féminine, d'un sexe, qui ne doit rien à la biologie mais qui est plutôt en rapport avec l'état cultivé ou non. Ainsi, pour Théophraste, l'olivier sauvage (mâle) est grand, noueux, résistant : ses fruits sont exécrables, amers et parviennent rarement à maturité. L'olivier cultivé est plus petit, plus fragile, et bien meilleur fruitier, portant de grosses olives savoureuses et douces : c'est donc un arbre femelle. L'identification du genre sexué des plantes, pour les Grecs, « peut donc être considéré comme une survivance de la façon traditionnelle en pays grec de penser la continuité du vivant et de projeter la forme socialo-culturelle du masculin et du féminin chez les *zôa* [animaux] sur les végétaux.[10] »

II. Le sexe des plantes dans l'Antiquité romaine

En passant des Grecs aux Romains, on voit la botanique prendre une orientation essentiellement pratique : Caton, Varron, Virgile ou Columelle ont bien écrit divers ouvrages sur les plantes, mais ces plantes sont envisagées d'abord du point de vue agricole. Ces auteurs sont couramment considérés comme des agriculteurs plutôt que comme des botanistes.

Caton l'Ancien (234-149 avant J.C.), dans son traité *De re rustica*, déclare que le plus grand éloge qu'on puisse faire d'un citoyen, c'est de le traiter de bon cultivateur. Les plantes mentionnées par Caton sont l'asperge et les arbres fruitiers (olivier, figuier, pommier, cognassier, grenadier, poirier, prunier).

Varron (116-27 avant J.C.), dans son traité *De rustica*, mentionne pour la première fois le cerisier, inconnu de Caton. Varron présente aussi quelques arbres (l'arbousier, le platane, le sapin, le genévrier, le peuplier, le saule, le sorbier), des légumes cultivés (pois, fève, lentille, chou), des plantes aromatiques (thym, menthe, basilic) ainsi que la luzerne fourragère.

---

[10] M. Bretin-Chabrol et C. Leduc, La botanique antique et la problématique du genre, *Clio*, 29, p. 205-223, 2009.

Virgile (70-19 avant J.C.), dans ses poèmes (*Les Bucoliques, Les Géorgiques*) évoque souvent des fleurs : les marguerites, les asters, la violette, les inflorescences en capitules ou en corymbes.

Columelle (4-70 de notre ère) parcourut les pays riverains de la Méditerranée et s'attacha particulièrement à suivre les travaux agricoles décrits, à Carthage, par **Magon** (IIe siècle avant J.C.) dans un *Traité d'agriculture* bien connu des Romains. De retour à Rome, Columelle rédigea aussi un traité d'agriculture : *De re rustica*, où sont décrites les cultures de l'olivier, du grenadier, du noyer, des pommiers et de la vigne.

Avec **Pline l'Ancien** (23-79), on retrouve un vrai biologiste qui présente toutefois le défaut de rapporter dans les 37 Livres de son *Historia Naturalis* (*Histoire Naturelle* ou mieux *Description de la Nature*) beaucoup de notions ou d'opinions recueillies par ouï-dire. Pline reprend la division des végétaux selon Théophraste, en arbres, buissons et herbes. Il décrit le citronnier, le cotonnier, l'ébène, le gingembre, le poivrier, le pistachier, le palmier dattier[11]. Certains livres sont consacrés aux plantes médicinales.

Les agronomes romains, tout comme Pline l'Ancien, ne comprennent pas le phénomène de pollinisation des fleurs, mode de reproduction sexuée majoritaire chez les végétaux supérieurs. Ils reprennent cependant à Théophraste les qualifications de « mâle » (*mas, masculus, masculinus*) et de « femelle » (*femina, femineus, feminus*) que le philosophe grec avait empruntées au monde animal (ou humain !) pour désigner, par analogie, certaines espèces de plantes. Les *plantes à mamelles* (femelles) ou *à testicules* (mâles) sont ainsi distinguées uniquement à partir de leur morphologie rappelant les organes génitaux des Mammifères. Pline l'Ancien distingue de la sorte l'encens mâle et l'encens femelle. Pour obtenir la résine d'encens, que les Romains brûlaient en petits fragments dans les lieux de culte pour parfumer l'atmosphère, il faut inciser le tronc de l'arbre

---

[11] Nombre de ces plantes sont décrites dans l'édition abrégée d'Hubert Zehnacker, Pline l'Ancien, *Histoire naturelle*, Gallimard, Paris,1999, 421 pages.

(*Boswellia sacra*, Burseracées) et recueillir les « larmes » de résine.

« L'encens resté suspendu en larmes rondes, écrit Pline, porte le nom d'encens mâle (*masculum*). [...] Certains pensent qu'il doit ce nom à sa ressemblance avec les testicules. Mais la faveur va surtout au mamelonné, formé par la réunion de larmes venues se mêler à une première qui s'est arrêtée. » (*Histoire Naturelle*[12], 12, 61)

La résine en forme de testicules, dans l'arbre d'encens qualifié de mâle, n'est nullement considérée comme un organe de reproduction. La « théorie des signatures », élaborée et très répandue à la Renaissance, selon laquelle les propriétés thérapeutiques des plantes médicinales sont à rapprocher de leur morphologie[13], puise ses origines dans ces croyances antiques. Ainsi Paracelse (1493-1541), célèbre médecin et alchimiste allemand, affirmait que :

« Dieu avait placé une marque sur chaque plante pour montrer dans quel but il l'avait créée. Une feuille en forme de cœur est bonne pour les maladies de cœur, une feuille tachetée comme le foie est bonne pour les troubles du foie --- c'est pourquoi l'Hépatique porte encore son nom.[14] »

Pline reprend la description (déjà donnée par Théophraste) de la fécondation artificielle du palmier dattier, et il prend toutes ses distances vis-à-vis des croyances qui accompagnent cette pratique :

---

12 Pline l'Ancien, *Histoire naturelle*, traduction de la Collection des Universités de France, Les Belles Lettres, Paris, 2002, 12 *Les arbres*, 159 pages.

13 Par exemple, la grande Pimprenelle (*Sanguisorba officinalis*), de couleur rouge, était censée absorber le sang. Les tannins de ses racines ont en effet des propriétés hémolytiques.

14 Cité par H.C.D. de Wit, *Histoire du développement de la biologie*, Presses polytechniques et universitaires romandes, Lausanne, 1992-1994, 3 tomes.

« Les arbres, écrit-il, et de surcroît tous les êtres engendrés par la terre, herbes comprises, possèdent les deux sexes selon ce qu'enseignent les observateurs de la nature les plus diligents. Qu'il suffise à cet endroit d'énoncer le fait en général, plus manifeste cependant chez les palmiers que chez tous les autres arbres. Le dattier mâle fleurit sur la branche, le dattier femelle n'a pas de fleurs, mais seulement des germes disposés en épis[15]. [...] Du reste, on affirme que sans les mâles, les femelles n'engendrent pas spontanément dans un bois naturel, que les femelles entourant à plusieurs un seul mâle, s'inclinent en avant vers lui de leurs chevelures caressantes ; que lui, tout hérissé de ses feuilles dressées, les épouse toutes de son souffle, de son regard même, voire de sa poussière, tandis que, si l'on coupe cet arbre, les femelles dans leur veuvage deviennent stériles. Il y a tellement [ici] représentation d'une relation sexuelle, que les hommes ont même imaginé un coït dans lequel les femelles sont saupoudrées de la fleur issue du mâle, de son duvet et parfois même de sa seule poussière. » (*Histoire naturelle,* 13, 35)

L'emploi fait par **Varron** des qualificatifs « mâle » ou « femelle » appliqués aux plantes se fonde sur une analyse de la structure de l'être vivant :

« Tout ce qui est menu et sec est lent à pousser [telle la plante mâle], tandis que tout ce qui est ample est également plus fécond, telle la [plante] femelle qui l'est plus que le mâle, et proportionnellement de même chez les jeunes pousses. Voilà pourquoi le figuier, le grenadier, et la vigne, en raison de leur mollesse féminine sont prompts à pousser. En revanche, le palmier, le cyprès et l'olivier [mâles] sont lents dans leur croissance, parce que les semences humides se développent plus

---

[15] Le palmier dattier (*Phoenix dactylifera*, Acéracées) est une espèce dioïque, à sexes séparés.

promptement que celles qui sont d'une nature trop sèche. [16]» (Livre I, p. 427)

Columelle s'interroge sur la meilleure partie de la vigne à utiliser pour la reproduction par bouturage, et il conclut que c'est « le ventre », le milieu du plant, comme chez l'homme. Mais il s'agit en fait d'une reproduction non sexuée.

Tous ces exemples montrent que les auteurs anciens, grecs ou latins, ignoraient tout des phénomènes fondamentaux de la reproduction sexuée des plantes : formation des cellules reproductrices (gamétogenèse) dans des organes spécialisés (étamines ou pistils des fleurs), fécondation du gamète femelle par le gamète mâle après la pollinisation, formation de l'œuf par fusion des noyaux des gamètes, développement de l'embryon, etc. Comme l'a écrit Richard Pulteney, auteur d'une histoire de la Botanique[17] publiée en 1808 :

« À la vérité, les anciens pères de la botanique, et particulièrement Dioscoride[18], appliquèrent la distinction de mâle et femelle à beaucoup d'autres plantes [que le figuier ou le palmier dattier]. Mais cela se faisait sans avoir aucunement égard à la véritable analogie, ou à la distinction des fonctions dans les fleurs. Elle fut souvent appliquée : 1°) à toutes celles qui portent toutes les parties de la fleur renfermées dans le même calice ou sur la même tige ; 2°) à cause de la structure ou d'un plus grand degré de fertilité ; 3°) et enfin, d'après d'autres indices qui n'ont point de rapport avec la fructification. Dans les plantes de la classe de la diœcie ou dans celles qui ont des étamines et des

---

[16] Varron, *De re rustica* [*Économie rurale*], Panckouke, Paris, 1843, 406 pages.

[17] R. Pulteney, *Esquisses historiques et biographiques des progrès de la Botanique en Angleterre, depuis son origine jusqu'à l'adoption du système de Linné,* Maradan, Paris, 1808, 371 pages.

[18] Dioscoride (25-90 après J.C.), médecin, botaniste et pharmacologue grec, auteur de *De materia medica [Sur la matière médicale].* L'ouvrage est analysé dans A.G. Morton, *History of Botanical science*, opus cité.

pistils sur des plantes séparées de même espèce, la vraie plante mâle était dans quelques cas dénommée femelle ; je citerai entre autres la mercuriale par rapport à laquelle on commettait cette erreur. » (Chapitre XXV, p. 346)

III. La botanique au Moyen-Âge

Pendant les quinze premiers siècles de l'ère chrétienne, on peut dire que la science botanique a progressivement disparu en Occident. L'œuvre de botanique théorique de Théophraste a été oubliée. Les plantes n'ont plus retenu l'attention des clercs ou des lettrés que par leurs seules propriétés médicinales. Les jardins du Moyen-Âge sont des jardins de « simples » où les médecins, les alchimistes ou les charlatans cueillaient les plantes nécessaires à la confection de leurs remèdes, leurs cataplasmes ou leurs potions.

Parmi les œuvres des auteurs grecs ou latins, c'est celle de **Dioscoride** : *De Materia medica* (composée en 77 après J.C.), qui fut à peu près la seule consultée dans les années du premier millénaire de notre ère, à cause des quelques centaines de plantes énumérées dans cette pharmacopée. Les cinq livres de l'ouvrage de Dioscoride traitent : des plantes à parfums, des arbres fruitiers, des propriétés thérapeutiques des matières d'origine animale et de celles de tous les organes des plantes (feuilles, racines, fleurs, fruits, graines), également des médicaments fabriqués avec des matières minérales. Toute maladie correspond, selon la théorie des humeurs d'Hippocrate, à un déséquilibre entre les quatre humeurs de l'organisme : sang, bile jaune, bile noire et phlegme. Le remède pharmaceutique doit donc corriger le déséquilibre par l'effet contraire qu'il produit : les matières thérapeutiques chaudes (poivre, ail, encens, ortie, cardamome, menthe) sont employées contre les refroidissements ; les matières froides (myrte, ronce, fleur d'acacia, fleur de grenadier) sont censées atténuer la chaleur due à la « coction » excessive des humeurs.

La traduction en langue syriaque puis en arabe du *De Materia medica* fut réalisée par le grand médecin syrien de Bagdad **Hunayn ibn Ishâq** (808-877), et servit de document de référence pour les premiers grands médecins de l'Islam : **Al Tabari** (783-858), **Al Razi** (865-925), **Al Zahrawi** (912-961), **Avicenne** (Ibn Sina, 980-1037) puis **Averroès** (Ibn Rushd, 1126-

1198). Avicenne a largement puisé dans le traité de Dioscoride pour rédiger la partie pharmacologique du *Canon de la médecine*. Averroès consacre aussi un livre entier aux propriétés thérapeutiques des « simples » dans son traité sur les *Généralités sur la médecine*.

Les traductions latines des manuscrits médicaux grecs retraduits en arabe, ainsi que les traductions latines des œuvres des grands médecins arabes, furent entreprises dans les monastères d'Espagne (à Tolède notamment) ou, en Italie, au monastère du Mont Cassin et dans la grande École de médecine de Salerne. À la fin du Moyen-Âge, aux alentours des XIIe et XIIIe siècles, les clercs des écoles ou monastères de Tolède, de Cluny, du Mont Cassin, de Salerne, etc. avaient traduit en latin un grand nombre de manuscrits arabes. La plupart de ces manuscrits avaient été écrits pendant l'un ou l'autre des deux âges d'or de la civilisation arabo-musulmane : l'un au Xe siècle, au Proche-Orient, en Iran (où vécut Avicenne) et en Irak, autour des califes de Bagdad ; l'autre au XIIe siècle, en Andalousie arabe (où vécut Averroès) et au Maroc, autour des califes de Séville, Cordoue ou Marrakech[19]. Les traductions arabes des textes grecs (d'Hippocrate, Aristote, Théophraste, Dioscoride) ont transmis à l'Occident chrétien tout l'héritage des connaissances sur la vie et les êtres vivants accumulées pendant l'Antiquité. « Pendant tout le Moyen-Âge, écrit Joëlle Magnin-Gouze, on ne recourt jamais à l'observation méthodique des plantes, dans aucun ouvrage de l'époque.[20]»

Dans les années 1250-1260 cependant, le moine dominicain allemand **Albert le Grand** (1193-1280) rédige un gros ouvrage de sept tomes sur les plantes : *De vegetalibus*[21] ; 270 plantes y sont énumérées et décrites. Albert le grand s'intéresse aux fleurs, distingue les diverses parties du calice et de la corolle, porte une attention particulière aux étamines qu'il

---

[19] Voir P. Mazliak, *Avicenne et Averroès. Médecine et Biologie dans la civilisation de l'Islam,* Vuibert/Adapt, Paris, 2004, 247 pages.

[20] J. Magnin-Gouze, *Histoire de la Botanique*, Delachaux et Niestlé, Paris, 2004, 217 pages.

[21] Alberti Magni, *De vegetalibus libri VII*, version imprimée éditée par G. Reimer, Berlin, 1867, numérisée sur le site *Gallica* de la Bnf.

observe en nombre variable dans les fleurs examinées. Mais il ne soupçonne nullement la fonction des différentes pièces florales.

Voici un exemple d'une description botanique d'Albert le Grand concernant la fève (aujourd'hui *Vicia faba,* Figure 9) :

« FABA.

La fève est une plante au tronc [= tige] haut et carré, dont la fleur rouge tire sur le blanc. Les graines de fève ont de nombreuses couleurs et de nombreuses propriétés selon les différentes terres dans lesquelles elles naissent, mais la fève d'Égypte et celle de Nabathée sont les plus prisées pour leurs vertus. Cette plante produit en effet une longue cosse dans laquelle on trouve de nombreuses graines en rang, qui tirent leurs nourritures grâce au cotylédon situé à côté de l'attache de la cosse [...]. La fève de Nabathée est plus astringente, celle d'Égypte plus humide. [...] Lorsque la fève est fraîche et verte, elle regorge d'humeurs ; et si elle n'était pas si lente à digérer et ne ballonnait pas tant, elle ne nourrirait pas moins que la bouillie d'orge.[22] »

Aucune allusion n'est faite dans le texte au rôle des graines dans la reproduction de la Fève sinon cette phrase : « Ce genre de légumineuse exige d'être semé dans une terre particulièrement humide, et une terre que l'excès d'humidité rend stérile devient fertile si l'on y sème des fèves, car elles attirent à elles l'humidité superflue. »

Par ailleurs, Albert le Grand rapporte dans son ouvrage nombre de propriétés « magiques » des plantes ou bien il relate des influences astrologiques sur la croissance des herbes. Un tome consacré à l'agriculture reprend les données de Columelle et détaille les progrès techniques accomplis en ce domaine depuis l'époque latine.

---

[22] Traduction de Laurence Moulinier, *Médiévales*,16, p. 180, 1989.

Figure 9 – La Fève (*Vicia faba*)

IV. Le sexe des plantes dans la botanique de la Renaissance

> « Et quant à la cognoissance des faitz de la nature, je veulx que [tu] te y adonne curieusement : qu'il n'y ait mer, rivière ny fontaine, dont tu ne cognoisse les poissons, tous les oyseaulx de l'air, tous les arbres, arbustes et fructices [buissons] des foretz, toutes les herbes de la terre, tous les métaulx cachéz au ventre des abysmes, les pierreries de tout Orient et Midy, rien ne te soit incongneu. »
>
> Directives de Gargantua à son fils Pantagruel, parti étudier à Paris, à l'université et dans la bibliothèque de l'abbaye Saint-Victor.
>
> (Rabelais, *Pantagruel*[23], 1532, chapitre VIII)

La citation de Rabelais, placée en exergue, montre bien que les philosophes de la Renaissance invitaient les clercs et les lettrés à étudier la Nature. Assez curieusement cependant, la botanique de la Renaissance s'ouvre sur la négation complète de toute sexualité chez les végétaux[24]. Dans un ouvrage qui acquit une grande célébrité au XVIe siècle : *De Plantis Libri XVI*[25] *[XVI Livres à propos des Plantes]*, publié à Florence en 1583, Andrea Cesalpini d'Arezzo, plus connu sous le nom de **Césalpin** (1519-1603), émet l'idée surprenante que les graines sont produites directement par la moelle des tiges. Césalpin a enseigné la médecine, la botanique et la philosophie à l'université de Pise pendant quarante ans.

---

23 Rabelais, *Œuvres complètes*, Édition de La Pléiade, Gallimard, Paris, 1955, 1055 pages.

24 G. Bonnier, *Le monde végétal*, Flammarion, Paris, 1907, 391 pages.

25 Andrea Cesalpini, *De Plantis Libri XVI*, Georgium Marescottum, Florence, 1583, 621 pages, ouvrage numérisé sur le site *Gallica* de la Bibliothèque nationale de France (Bnf).

Césalpin rejette les systèmes de classification des plantes, basés sur des critères utilitaires ou artificiels, comme le goût, les propriétés médicinales, ou même l'ordre alphabétique des noms qu'on leur a donnés, pour tenter de trouver un système naturel, fondé sur des propriétés observables sur les végétaux. Son ouvrage *De Plantis* contient la description de 1500 plantes, classées de façon originale, selon un premier critère : la présence ou l'absence de graines. Césalpin est donc le premier botaniste, ou un des premiers botanistes, à distinguer les *Spermaphytes* (plantes à graines comprenant les *Gymnospermes* et les *Angiospermes*) des *Végétaux sans graines* : Champignons, Algues, Mousses, Fougères. Dans les végétaux sans graines, il distingue 18 « espèces » de fougères, 19 espèces de champignons et 17 autres « espèces » réparties entre mousses, hépatiques, algues et lichens[26].

La classification des plantes à graines occupe 14 Livres dans le *De Plantis*. Césalpin a choisi le *fruit (contenant les graines)* comme source d'information pour établir les liens de parenté entre les plantes à graines, puisque le fruit, selon lui, était le lien principal entre les générations, assurant la pérennité de l'espèce. Il a donc proposé une classification des plantes à fleurs (ou à graines) fondée sur la morphologie de leurs fruits et de leurs semences ; en vérité, il ne fait pas, dans son ouvrage, de distinction précise entre le fruit et la graine.

Pour établir sa classification des « plantes à graines », Césalpin tient compte : 1°) de la position du « fruit » (c'est-à-dire de l'ovaire) par rapport aux autres pièces florales. Cela signifie qu'il distingue les plantes à fleurs ayant des *ovaires infères* (placés au-dessous du plan d'insertion des pièces florales) des plantes à fleurs ayant des *ovaires supères* (placés au-dessus du même plan).

2°) Du nombre de graines par fruit.

3°) Du nombre de loges carpellaires dans le pistil et le fruit mûr.

4°) Du mode de placentation des graines : central ou latéral.

---

[26] D'après A.G. Morton, *History of Botanical Science*, opus cité.

5°) Il s'attache encore à la disposition du « germe », c'est-à-dire de l'ovule dans le carpelle. Dans la plantule embryonnaire (qu'il observe dans la graine), il appelle « cœur » (*cor*) la partie située entre la radicelle et l'insertion du ou des cotylédons (=premières feuilles). Ce « cœur » de la plantule correspond aujourd'hui à l'*hypocotyle*. Il distingue alors les plantes à ovules dressés sur le « cœur » [*orthotropes*] de celles à *ovules* renversés sur le « cœur » [*anatropes*], puis celles dont, « dans le germe, le « cœur » est situé soit du côté intérieur du fruit [on parlerait aujourd'hui d'*ovule épitrope*], soit du côté extérieur du fruit [*ovule* dit aujourd'hui *apotrope*] ». Cette analyse très exacte de la position de l'ovule dans le fruit, lui permit, d'affiner sa classification des plantes (voir la figure 10).

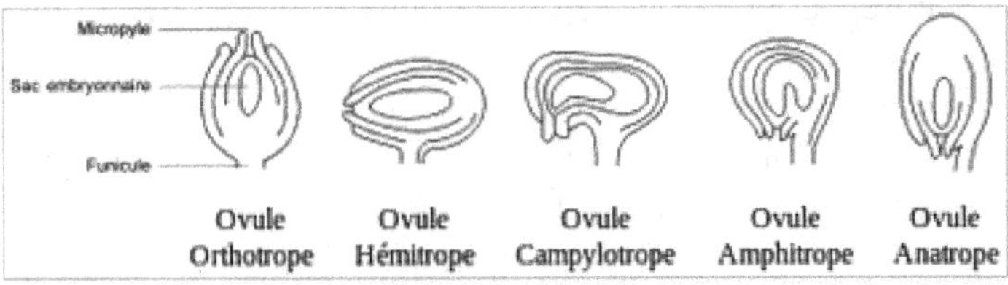

Figure 10. Les différentes positions de l'ovule chez les plantes, en botanique moderne.

Voici quelques-unes des classes de plantes à graines établies dans le *De Plantis* : Légumineuses, Ombellifères, Rubiacées, Labiées, Borraginées, Liliacées, Graminées, Composées, Rosacées, Cucurbitacées, etc.

Césalpin a décrit les plantules embryonnaires présentes dans toutes les graines. Il a ainsi, le premier, distingué les graines contenant des plantules à « deux folioles » (*foliola*), qu'il nomme *semina bifida* (correspondant à nos graines de Dicotylédones, comme celle des Légumineuses) ; il les compare aux graines contenant des plantules à « une seule foliole » (ce sont nos graines de Monocotylédones, comme celles du Blé) (Voir la figure 11). Césalpin observe que les folioles (=cotylédons) restent attachées aux plantules en croissance aussi longtemps qu'elles renferment « ce jus laiteux qui nourrit la plante ». Les historiens de la Botanique considèrent que Césalpin fut le plus grand botaniste de son siècle.

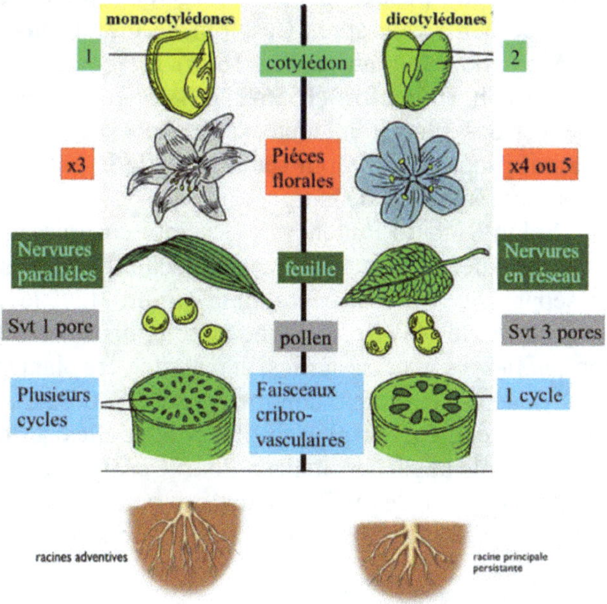

Figure 11 – <u>Comparaison entre les morphologies des plantes Monocotylédones et Dicotylédones.</u> (Svt *est l'abréviation de souvent)*

Étudiant en particulier les plantes à fleurs, Césalpin considère que les sépales, pétales, étamines et carpelles des fleurs ne sont que les feuilles de bourgeons spéciaux, nés directement de la tige, et ayant pour fonction de produire les graines impliquées dans la reproduction des plantes. On ne trouve aucune allusion, dans le raisonnement de l'auteur, à une quelconque reproduction sexuée. Selon lui, les feuilles et les sépales du calice proviennent du cortex (= de l'écorce superficielle) des tiges, les pétales de la corolle et les étamines proviennent des couches renfermant les vaisseaux conducteurs de sève (aujourd'hui bois et liber) tandis que la moelle des tiges produit directement le pistil qui renfermera les graines. Césalpin considère le pollen produit par les étamines comme une sécrétion des vaisseaux de la tige ; aucun rôle fécondant ne lui est attribué. Comme Césalpin était un botaniste très célèbre pour avoir complètement réorganisé la classification des Végétaux, ses conceptions sur la reproduction des plantes se sont largement répandues à la Renaissance. Un siècle après Césalpin, le grand microscopiste italien Marcello Malpighi (1628-1694) et le grand botaniste français Joseph Tournefort (1656-1708) niaient encore, comme nous le verrons plus loin, toute sexualité chez les plantes et reprenaient l'idée de Césalpin selon laquelle le pollen était une sécrétion des vaisseaux de la tige.

Selon Richard Pulteney[27], Césalpin connaissait bien les plantes unisexuées (dioïques), présentant dans chaque espèce des sexes séparés, comme la Mercuriale (figure 12), le Ricin, le Châtaignier ou le Noyer. Il a donc appelé, dans ces différentes espèces, *mâles* les plantes stériles, et *femelles*, les plantes fertiles, ajoutant que ces dernières, comme on l'avait observé avec les palmiers dattiers, étaient plus fertiles lorsqu'elles se trouvaient placées au voisinage des mâles. Pour Césalpin en effet, les femelles recevaient des mâles, dans ces conditions, un *souffle fécondant* (*effluvium*), comme l'avait déjà proposé Aristote.

Figure 12 – Données botaniques sur la Mercuriale (*Mercurialis annua*). À gauche, plante femelle avec fleur et fruit, à droite plante mâle avec chaton de fleurs mâles et pollen.

[27] R. Pulteney, *Esquisses historiques et biographiques des progrès de la Botanique en Angleterre,* opus cité.

Pour la fin du XVIe siècle, plusieurs historiens des sciences (par exemple Debus dans son livre *L'Homme et la Nature à la Renaissance*[28], ou encore Pulteney, dans son *Histoire des progrès de la Botanique en Angleterre,* déjà citée[29]) évoquent le botaniste polonais **Adam Zaluziansky von Zaluzian** (1558-1613), médecin à Prague. Ce savant, dans un ouvrage publié en 1592 : *Methodi herbariae Libri tres*, essentiellement consacré à la classification des « herbes » ou plantes à fleurs, aurait cependant distingué, quelques espèces à fleurs hermaphrodites et d'autres à fleurs unisexuées. Dans son ouvrage sur l'histoire de l'embryologie végétale[30], René Souèges indique qu'Adam Zaluziansky reconnaît que la plupart des espèces végétales sont « androgynes », mais que beaucoup aussi ont des sexes séparés. Le botaniste de la Renaissance fait en outre remarquer que l'on a souvent attribué, avant lui, des espèces différentes à des plantes mâles et femelles de la même espèce. Zaluziansky admettait que les deux sexes, mâles et femelles, étaient nécessaires à la reproduction des plantes, mais pour quelle raison ? L'auteur ne donne aucune explication sur ce point. L'attention du botaniste de Prague a surtout été retenue par les plantes présentant des sexes séparés, comme, par exemple, le Palmier dattier, dont le pied femelle ne peut porter de fruits, dit-il, que lorsqu'il est *atteint* par le pollen du pied mâle. Il précise d'ailleurs que les hommes peuvent aider la nature par des moyens artificiels, comme déjà décrit par Théophraste. La préoccupation majeure de Zaluziansky paraît bien *« d'éviter de ranger dans des espèces différentes des plantes qui ne diffèrent que par le sexe. »*

De son côté, Richard Pulteney se montre assez dubitatif quant à la portée des remarques de Zaluziansky. Voici ce qu'il écrit dans son *Histoire des progrès de la Botanique en Angleterre* :

---

[28] A. G. Debus, *Man and Nature in the Renaissance*, Cambridge University Press, Cambridge, 1976, 172 pages.

[29] Voir la note 17.

[30] René Souèges, *L'embryologie végétale, Résumé historique*, Hermann, Paris, 1934, 2 volumes.

« Quelques personnes prétendent qu'Adam Zaluziansky, écrivain polonais, existant en 1592, a distingué le sexe des plantes. Je n'ai pas vu son livre, mais d'après ce qu'on trouve relativement à son opinion dans d'autres auteurs, je présume que ses observations, si elles ne sont pas entièrement tirées de Césalpin, ne présentent rien d'original sur cette matière. Dans le fait, on ne fit point de progrès ultérieurs, pendant plus de cent ans depuis ce temps, et l'honneur d'avoir découvert que ce mélange des sexes était universel dans le règne végétal, et que la poussière des anthères était douée d'une vertu fécondante appartient à l'Angleterre. »[31]

Pour apprécier cette affirmation assez partiale, il faut tenir compte du fait que Richard Pulteney était membre de la « Royal Society of London for the Improvement of Natural Knowledge » (sorte d'Académie Royale des Sciences). Cependant c'est bien en Angleterre que des avancées décisives, étayées par des expériences, vont être réalisées au début du XVIIe siècle, sur la question du sexe des plantes, comme nous le verrons au paragraphe suivant.

Auparavant, en même temps que Césalpin, travaillait à Montpellier un botaniste très célèbre à son époque : **Charles de l'Écluse** (1526-1609). Né à Arras, ayant fait de premières études de droit, dans les Universités de Gand puis de Louvain, il abandonna les études de droit sur les conseils du philosophe luthérien Philippe Melanchthon, qu'il avait rencontré à l'Université de Wittenberg. En 1551, il arrive donc à l'Université de Montpellier pour étudier la médecine et la botanique. Le Professeur Guillaume Rondelet (1507-1566), médecin et anatomiste célèbre, le prend comme secrétaire et l'héberge chez lui pendant trois ans. Charles de l'Écluse devint un botaniste renommé. Il traduisit plusieurs grands livres de botanique : *l'Herbier des Plantes médicinales* et *l'Histoire des Plantes* du botaniste flamand Rembert Dodoens (1517-1585) puis le

---

[31] p. 349 in R. Pulteney, *Esquisses historiques et biographiques des progrès de la Botanique en Angleterre, depuis son origine jusqu'à l'adoption du système de Linné,* Maradan, Paris, 1808, 371 pages.

Colloque des Simples, premier traité de médecine tropicale présentant des maladies « exotiques » comme le choléra, avec les plantes supposées les soigner, du botaniste portugais Garcia de Horta (1501-1568). Après avoir parcouru l'Europe en tous sens, à travers la France, la Suisse, l'Italie, l'Espagne et le Portugal, Charles de l'Écluse décrivit dans ses publications plusieurs milliers d'espèces végétales, ce qui lui a valu le surnom de « Prince des descripteurs ». Il publia une *Flore d'Espagne* en 1576, une *Flore d'Autriche et de Pannonie* en 1583. En 1573, l'Empereur Maximilien II le nomme directeur des Jardins impériaux de la ville de Vienne. En 1593, il est nommé professeur de botanique à l'Université de Leyde ; il fonde le Jardin botanique de cette ville, dans lequel il cultive beaucoup de plantes exotiques. C'est Charles de l'Écluse qui introduisit aux Pays-Bas la culture des tulipes (venues d'Asie centrale et de Turquie) ; c'est aussi lui qui a lancé le commerce si florissant des bulbes de tulipe. Il meurt à Leyde, en 1609.

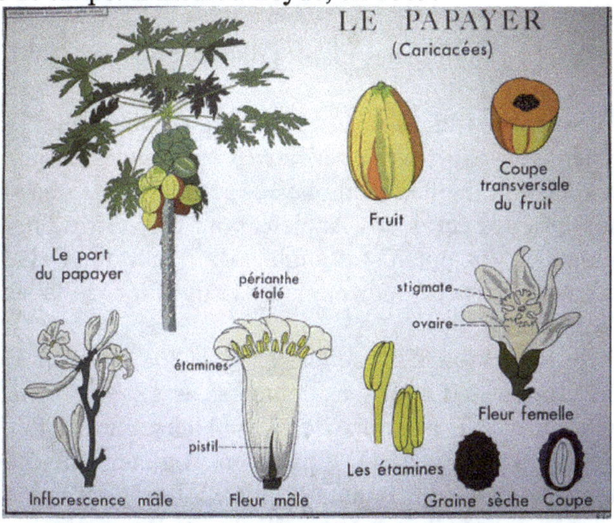

Figure 13: Données botaniques sur le papayer

Comme Césalpin, Charles de l'Écluse s'est intéressé aux plantes dioïques, à sexes séparés. Il étudia en particulier le Papayer (*Carica papaya*), un arbre fruitier originaire du Mexique (voir la figure 13). Sur des arbustes différents, il sut distinguer deux sortes de fleurs à corolle blanchâtre : les unes possédaient un pistil et il les appela *femelles* parce qu'elles donnaient des fruits ; les autres, sans pistil, ne possédant que dix étamines (cinq longues et cinq courtes), il les appela *mâles* parce qu'elles demeuraient toujours stériles. Les fleurs mâles apparaissaient sur de longs panicules ramifiés, en longues grappes, à l'aisselle des feuilles, tandis que les fleurs femelles naissaient par groupe de deux ou trois, à la partie supérieure du tronc. À propos de ces deux types de fleurs de papayer, de sexes différents, Charles de l'Écluse ajoute cette remarque intéressante :

« On prétend que des affinités mystérieuses unissent l'un à l'autre les végétaux en question, de telle sorte que la plante femelle ne porte pas de fruits lorsque la plante mâle est séparée d'elle par un espace étendu, au lieu de se trouver à proximité.[32] »

Le rôle des deux sexes séparés des plantes dioïques reste ainsi encore bien mystérieux pour les botanistes du XVIe siècle.

V. La sexualité des plantes pour les botanistes du XVIIe siècle

Sous l'influence des écrits du Chancelier Bacon, notamment de son ouvrage *Novum Organum* de 1620, où il oppose la « nouvelle méthode expérimentale » au simple commentaire des écrits des Anciens pour acquérir de nouvelles connaissances, les botanistes anglais du début du XVIIe siècle firent des expériences pour explorer la question de la sexualité des plantes.

Jacob Bobart l'Ancien (1599-1680) fut un précurseur dont les travaux ne furent sans doute pas assez remarqués de ses contemporains. Né à Brunswick, en Allemagne, il devint un jardinier confirmé. En 1641, il passa en Angleterre pour devenir Surintendant du Jardin botanique d'Oxford. Il est connu pour avoir dressé en 1658, avec son fils Jacob Bobart le Jeune, un catalogue de 1600 plantes médicinales classées par ordre alphabétique : *Catalogus plantarum horti medici oxionensis [Catalogue des plantes du jardin médicinal d'Oxford].*

---

32 cité p. 15 in R. Souèges, *L'embryologie végétale, Résumé historique*, 1934, opus cité.

Mais ce qui compte pour la découverte de la sexualité des plantes, ce sont les expériences[33] que Bobart l'Ancien entreprit tardivement, en 1678, sur une plante dioïque de la famille des œillets (Caryophyllacées), le Lychnis dioïque, souvent appelé en France « Compagnon blanc » (rebaptisé *Silene latifolia*).

Figure 14 – La plante et les deux types de fleurs (femelle et mâle) du Compagnon blanc (*Silene Latifolia*). 1,2, 3, plante mâle 4 ; fleur mâle ; 5 : fleur femelle ; 6 : étamines ; 7 : pistil.

33 Ces expériences sont décrites par Gaston Bonnier dans son livre *Le Monde Végétal*, 1907, opus cité.

C'est une plante à fleurs blanches, poussant dans les campagnes anglaise et française, dans les prairies et sur les talus. Bobart avait remarqué que les Lychnis avaient des fleurs de deux sortes : quasi identiques sur tous les plants par leur calice et leur corolle, les fleurs de certains pieds n'avaient que des étamines au centre tandis que les fleurs d'autres pieds n'avaient que des carpelles soudés en un pistil surmonté de cinq longs stigmates (figure 14). Les formules florales du Lychnis dioïque sont donc de deux sortes : 5 S + 5 P + 5 E + 0 C sur certains pieds et 5 S + 5 P + 0 E + 5 C sur d'autres pieds. De plus Bobart avait remarqué que, pour que leur pistil se gonfle et se transforme en fruit, les stigmates des fleurs à carpelles (portées sur un type de pieds) devaient être recouverts d'une poussière jaune, correspondant au pollen libéré par les étamines des fleurs sans carpelles (portées par l'autre type de pieds). Les fleurs à pistil, n'ayant pas reçu sur leurs stigmates la poussière jaune du pollen, ne formaient pas de fruit.

Bobart entreprit alors de cultiver des Lychnis dioïques dans un grand jardin, après avoir pris la précaution de détruire tous les Lychnis dioïques se trouvant dans les alentours. À l'une des extrémités de son vaste terrain, il ne planta que des Lychnis à pistil ; à l'autre extrémité éloignée du terrain, il planta en les entremêlant des Lychnis à pistil et des Lychnis à étamines. Au bout de quelques semaines, Bobart constata qu'aucun fruit ne s'était formé sur les Lychnis à pistil plantés isolément. Il n'avait non plus observé aucune poussière jaune de pollen sur les stigmates de ces fleurs. En revanche, la plupart des Lychnis à pistil, plantés entremêlés à des Lychnis à étamines, donnèrent des fruits et des graines.

Il constata encore que lorsqu'il saupoudrait lui-même les stigmates de plusieurs Lychnis à pistil avec la poussière jaune du pollen d'étamines de Lychnis, tous les Lychnis à pistil dont les stigmates avaient été saupoudrés de pollen donnaient des fruits bien constitués. Bobart conclut donc que l'apport du pollen d'étamines sur les stigmates du pistil des fleurs à carpelles était nécessaire pour la formation des fruits.

Ce beau résultat est bien sûr tout à fait confirmé par la botanique moderne. On dit aujourd'hui que le Lychnis dioïque ou Compagnon blanc est effectivement une plante dioïque à sexes séparés : les Lychnis à étamines sont des plantes mâles ; les Lychnis à carpelles soudés en pistil sont des plantes femelles. Il faut ajouter que Bobart n'avait aucune idée sur les moyens naturels du transport du pollen des plantes mâles vers les plantes femelles.

Il est curieux de constater que dans son *Histoire des progrès de la botanique en Angleterre*, Richard Pulteney ne réserve pas une grande place à Jacob Bobart. En revanche il cite les auteurs anglais suivants : Thomas Millington, Nehemiah Grew, John Ray et James Logan qui, selon lui, ont beaucoup fait progresser la question du sexe des plantes.

Nehemiah Grew (1641-1712), botaniste anglais, commença ses études à Cambridge puis obtint un doctorat de médecine à l'Université de Leyde en 1671. Il s'installa alors à Londres et acquit dans cette ville une grande réputation comme médecin.

Depuis 1664, Grew étudiait l'anatomie des végétaux et il se distinguait, parmi les botanistes contemporains, par l'emploi du microscope. En examinant les tissus végétaux, il retrouva dans les parenchymes, les « vésicules » ou « cellules » observées dès 1665 par Robert Hooke (1635-1703) sur une coupe de liège. Pour Grew comme pour Hooke, ces « cellules » étaient loin de correspondre à l'unité de composition structurale des tissus, comme l'a révélé depuis la « théorie cellulaire » du XIXe siècle. Les publications de Nehemiah Grew, présentées à la Royal Society de Londres, lui valurent d'être lui-même admis comme membre de la Société en 1671. Il en devint secrétaire en 1677.

L'œuvre majeure de N. Grew : *Anatomy of Plants*[34] parut en 1682, et cette publication regroupait ses premiers travaux en botanique : « Anatomy of Vegetables Begun », « Anatomy of

---

[34] La traduction en français est publiée sous le titre : N. Grew, *Anatomie et âme des Plantes, qui contient une description exacte de leurs naissances, nourritures, progrès, parties et usages, et qui fait voir comment elles se forment, et comment elles croissent, avec un recueil d'expériences et d'observations curieuses,* nouvelle édition revue et corrigée, Pierre Vander, Leyde, 1691, 430 pages (numérisé par Google book).

Roots », « Anatomy of Trunks » et « Anatomy of Leaves, Flowers, Fruits and Seeds ». L'ouvrage est illustré de 82 planches. Voici la description du « cœur » d'une fleur de Papilionacée, telle qu'on la trouve dans l'ouvrage :

« DE LA FLEUR.

[…] Cette partie n'est pas creuse […] mais solide, et elle se partage vers le haut en deux *Cornes* qui ressemblent à celle des Papillons.

Des poudres qui sortent des Fleurons.

Lorsque ces deux cornes commencent à paraître, il sort de cette gaine une poudre composée de petits globules semblables à ceux qui sortent des grains dans les *Cœurs* que j'ai appelés *Grenez* [?] : ainsi on peut assurer que toutes les fleurs ont leurs poudres ou globules.

Que le cœur est la principale partie de la fleur.

On s'imagine ordinairement que le Cœur des fleurs ne sert à rien, parce qu'on ne s'est point encore appliqué à en examiner les usages, mais quoique les hommes se servent plus ordinairement du feuillage des fleurs que du cœur, il est néanmoins certain que des trois parties dont les fleurs sont composées, le cœur est la principale, parce que quand on y fait réflexion, il semble que la Nature ne forme les deux autres que pour le conserver et lui rendre service. […]

Que les poudres qui sont dans le Cœur des fleurs sont la nourriture de plusieurs petits animaux.

[…] Il faut donc reconnaître que le Cœur des fleurs fournit des aliments à plusieurs petits animaux [sans doute des insectes]. » (p. 170-172)

Cette description du « cœur » de la fleur, correspondant très certainement aux étamines, nous montre que si Grew, comme Bobart l'Ancien, a bien repéré la production de pollen (ce qu'il désigne comme une poudre formée de petits globules) par les étamines, il n'envisage nullement que ce pollen puisse intervenir lors de la formation de la graine.

Grew s'intéresse beaucoup à la graine. Il la décrit assez longuement, avec plumule, radicule et cotylédons qu'il appelle

« lobes ». Il écrit encore que « Comme la graine est l'origine et la source de la végétation, elle en est aussi le terme et la fin. Je l'ai déjà considérée comme propre à produire une plante. » (p.199). Mais la formation de la graine décrite dans *l'Anatomie des Plantes* n'a rien à voir avec le concept moderne de la fécondation d'un gamète femelle par un gamète mâle. Grew écrit :

« *Comment la graine se forme.*

Le Suc [= la sève] s'étant purifié par les diverses coctions et fermentations qui lui sont arrivées en passant dans la racine, dans la tige et dans les feuilles, il s'avance enfin vers la graine. Ce qu'il y a de plus grossier et de plus cru s'en sépare encore, parce qu'il s'arrête dans le Fruit ou dans les gousses [...].

Les parties les plus essentielles de ce suc entrent dans la fibre ou dans les fibres qui le doivent porter à la graine. Et comme ces fibres sont toujours d'une longueur considérable, et qu'elles ont des qualités particulières qui les rendent propres à affiner ce suc, [...] on peut les comparer aux vaisseaux spermatiques des animaux. » (p. 219)

La suite de la genèse de la graine est décrite par Grew de la manière suivante : une partie encore assez grossière du suc apporté par les fibres va constituer la « peau extérieure » de la graine, de consistance « cartilagineuse » ; la partie la plus « épurée » forme la « peau intérieure » de la graine que notre botaniste appelle *Secondine* (sans doute par allusion à une membrane embryonnaire des animaux). Le suc très purifié, « étant propre, écrit Grew, pour former le futur *embryon* de la graine » entre dans une cavité centrale.

« Ce qui entre dans la cavité, écrit l'auteur, est à peu près, à l'égard des plantes, ce qu'est la liqueur enfermée dans un œuf, ou la semence femelle dans les animaux.

Mais cela ne suffit pas pour former la graine ; car il y a encore un autre suc qui est porté dans la peau intérieure par les fibres qui y entrent. Ce suc est comme la semence des mâles dans les animaux. [...] Ces fibres sont extrêmement menues, et s'entrelacent de telle sorte, qu'elles ne peuvent donner passage qu'aux parties les plus pures et les plus subtiles. [...] ainsi ce nouveau suc se mêlant avec la liqueur que j'ai dit être dans la cavité de la Secondine, il la change de telle sorte qu'elle s'épaissit peu à peu, et qu'elle devient enfin un vrai parenchyme » (p. 220-222).

Ce texte surprenant remplace en définitive tous les phénomènes cellulaires de la fécondation par le mélange de deux sucs plus ou moins purifiés, l'un étant assimilé à une semence femelle et l'autre à une semence mâle. Le mélange des semences finit par donner l'embryon de la graine par coagulation. La graine est ainsi l'organe de la reproduction des plantes ; après sa formation, la graine doit être enfermée dans le fruit pour germer, déclare Grew, « comme il est nécessaire qu'une poule couve les œufs pendant quelque temps avant qu'ils puissent s'éclore et former des poulets » (p. 199).

Grew était guidé dans ses recherches par l'idée qu'il y avait des similitudes de fonctionnement entre les plantes et les animaux. Comme William Harvey (1578-1657) avait découvert la circulation du sang dans les vaisseaux sanguins des animaux, Grew suggérait la circulation de la sève dans les fibres des plantes. Grew acceptait aussi sans doute l'existence d'une sexualité chez les plantes, comme chez les animaux. Dans son *Histoire des progrès de la botanique en Angleterre,* Richard Pulteney écrit que dans un mémoire présenté à la Société Royale de Londres, le 6 novembre 1676, Grew « soutint que le premier et principal usage de la poussière des *apices* ou *stamina* [= étamines] est tel qu'il concerne la plante elle-même ; qu'ainsi il paraît très grand et nécessaire, parce que même ces plantes qui n'ont pas de fleur ou de corolle ont cependant un appareil d'étamines qui paraît rendre le même service à la semence que la foliature au fruit. » (p. 350) Selon Pulteney, Grew aurait ajouté : « Dans une conversation que j'eus à ce sujet avec [...] Sir Thomas Millington [1628-1704], il me dit qu'il concevait que l'*attire*, c'est-à-dire l'appareil ou filet portant les étamines, servait comme le mâle, pour la génération de la semence. Je lui répondis sur le champ que j'avais la même opinion. [...] Il s'expliqua ensuite d'avantage, et soutint que ce pouvoir fécondant n'était pas effectué par l'admission actuelle de la *farina* [=la poussière des anthères] dans le vaisseau renfermant les semences, mais par le moyen d'*effluvia* subtils et vivifiants » (p. 351).

Finalement une conclusion semble s'imposer : Nehemiah Grew était peut-être un adepte de l'existence d'organes reproducteurs (ou de liqueurs reproductrices) mâle et femelle chez les plantes, mais le rôle des différentes parties de la fleur dans cette sexualité était pour le moins très flou dans ses publications. La formation de l'embryon, telle qu'il la décrit, est pour l'essentiel entièrement fantaisiste. Apparemment, Grew ne fit aucune expérience sur la sexualité des plantes, et ses conceptions sur la question sont plus « arriérées » que celles de Jacob Bobart.

Un autre botaniste anglais, **John Ray** (1687-1705) fut surnommé « le père de l'histoire naturelle britannique ». Il fit des études de mathématiques, de philosophie, de grec et de latin à Cambridge, et fut ordonné prêtre en 1660. Il abandonne ses fonctions ecclésiastiques en 1662 et se retire dans la campagne pour étudier la faune et la flore. Il voyage en Europe (France, Pays-Bas, Suisse, Autriche, Italie) pour étudier les flores des divers pays. Comme il n'était pas médecin, il s'intéressa aux plantes en naturaliste et non pour étudier leurs propriétés thérapeutiques. Il publia plusieurs flores de différents pays, et ses publications lui valurent d'être élu membre de la Royal Society en 1667. Son œuvre principale est une flore européenne qui paraîtra en trois gros volumes illustrés, de 1685 à 1704, sous le titre *Historia plantarum generalis*[35]. Environ 6000 plantes y sont décrites ; dans l'ouvrage, John Ray distingue les Monocotylédones des Dicotylédones, les Gymnospermes des Angiospermes. En revanche, il néglige les Cryptogames. Il introduit en botanique les termes de *cotylédon* et de *pollen*.

Dans cette *Historia plantarum*, John Ray cite l'opinion de Grew, reprise de Thomas Millington, sur le rôle de l'étamine comme organe reproducteur mâle. Il partage cette opinion avec

---

[35] Joannis Raii, *Historia plantarum generalis*, Samuelis Smith et Benjamin Wilford, Londini, 1693-1704, Trois tomes.

circonspection. Il mentionne à l'appui du rôle mâle des étamines ses propres observations sur diverses plantes dioïques : le saule, le palmier dattier, le houblon, l'épinard. Très prudent, il écrit en 1686 : « cette opinion [de Grew] sur l'utilité du pollen demande confirmation. » Mais, dans le dernier tome de son ouvrage, paru en 1704, John Ray donne des raisons positives pour considérer que les étamines sont nécessaires à la reproduction des plantes à fleurs : la présence des étamines est constante, même dans les fleurs sans pétales ; dans les plantes à sexes séparés, les fleurs à étamines précèdent toujours, au printemps, l'apparition des fruits ; les anthères des étamines finissent toujours par s'ouvrir à maturité et elles libèrent alors du pollen ; enfin, dans les plantes à sexes séparés, les fruits n'apparaissent jamais si les plantes mâles à étamines sont trop éloignées des plantes femelles sans étamines. John Ray conclut ainsi : « À notre avis, le pollen est l'équivalent du sperme des animaux.[36] »
À l'évidence, John Ray ignorait les expériences réalisées en Allemagne, à la même époque, par Rudolf Jakob Camerarius.

Rudolf Jakob Camerarius (1665-1721) fut professeur de médecine et de botanique à l'Université de Tübingen ; il fut aussi directeur du Jardin botanique de cette ville. En 1694, il publia à Tübingen un texte capital : *De sexu Plantarum Epistola* [*Lettre sur le sexe des plantes*][37]. Le botaniste de Tübingen réalisa, comme il le relate dans cette lettre, une série d'expériences méthodiques afin d'étudier avec précision les mécanismes de la reproduction des plantes à fleurs.

Les plantes étudiées appartenaient à trois groupes différents. C'étaient: 1) soit des plantes *hermaphrodites*, présentant des fleurs comportant des étamines et un pistil (comme les plantes de la famille des Papilionacées) ; 2) soit des plantes *monoïques*, présentant sur le même pied des fleurs à

---

[36] Les citations et le paragraphe sur le sexe des plantes dans l'ouvrage de John Ray sont tirés de A.G. Morton, *History of Botanical Science*, 1981, opus cité, p. 195-214.

[37] La lettre de Camerarius était adressée à son collègue le Dr. Valentinus de Giessen et fut imprimée en 1694 dans les *Transactions de l'Académie de Tübingen.*

étamines sans pistil et des fleurs à pistil sans étamines (c'était le cas du Ricin et du Maïs) ; 3) soit enfin des plantes dioïques à sexes séparés présentant des pieds à fleurs pourvues d'étamines sans pistil et sur d'autres pieds des fleurs pourvues de pistil, sans étamines (c'était le cas de la Mercuriale et du Mûrier).

Camerarius examina sous le microscope la poudre colorée et farineuse constituant le pollen libéré par les étamines lors de l'éclatement des anthères. Il écrit :

« Sous le microscope, on la voit comme formée de nombreux petits grains qui ont une forme caractéristique pour chaque plante et, chez quelques-unes, la surface est échinulée [hérissée de petites épines]. »[38]

Les expériences qu'il réalisa ensuite lui apportèrent la preuve que les graines ne pouvaient se former sur une plante que si le pollen des étamines entrait en contact avec les stigmates du pistil. Ainsi pour le groupe des plantes monoïques, il écrit :

« Dans le deuxième groupe de plantes qui portent des fleurs et des fruits sur le même pied, même s'ils sont séparés, j'ai constaté combien la perte des étamines est dommageable pour la plante. Lorsque j'ai enlevé chez le ricin les boutons ronds des fleurs avant que les étamines ne soient déployées, et quand j'ai empêché le développement de nouvelles étamines, je n'ai jamais récolté de graines parfaites des boutons femelles qui restaient et qui n'avaient pas été touchés. [...] J'ai fait la même expérience avec le maïs. »

Sur les fleurs hermaphrodites, il observe :

« Les étamines entourent le style qui est un prolongement de l'ovaire. [...] Le pistil ou les pistils, selon l'espèce des plantes, sont toujours à proximité des étamines, et

---

[38] Les extraits cités de la lettre de Camerarius sont tirés de l'ouvrage de H.C.D. de Wit, *Histoire du développement de la Biologie*, Presses polytechniques et universitaires romandes, Lausanne, 1992, tome 1, 404 pages.

cela implique que leur extrémité fourchue doit être abondamment poudrée précocement par les étamines. »

Les démonstrations les plus claires sont apportées par les expériences menées sur les plantes dioïques :

« Le mûrier et la mercuriale sont un exemple du troisième groupe de plantes, chez qui les fruits et les fleurs paraissent sur des plantes séparées. Un mûrier qui était tout seul a porté des baies qui pourtant n'ont jamais contenu une seule graine. Et, de la mercuriale, la partie séminifère a porté beaucoup de fruits, mais jamais de graine capable de germer, quand elle restait séparée des autres plantes en fleurs. »

Camerarius utilisait aussi, pour féconder les fleurs femelles des plantes dioïques sur lesquelles il expérimentait, de la poudre de pollen produite par les fleurs mâles de divers pieds de la même espèce, qu'il saupoudrait lui-même sur les pistils des fleurs femelles. Dans ces conditions, il obtenait des graines. Il fit d'ailleurs des contre-expériences négatives en saupoudrant les pistils avec de la poudre constituée de spores de fougères : il constata que dans ces conditions, aucun fruit n'apparaissait sur les plantes femelles. Il en conclut que chaque fleur femelle (portant un pistil) d'une espèce donnée exigeait la poudre de pollen d'une fleur mâle (à étamines) de la même espèce pour produire un fruit.

Camerarius mit en parallèle la reproduction des animaux et celle des végétaux, ce qui parut très hardi à son époque ; de l'ensemble des expériences qu'il avait réalisées, il tira ces conclusions très importantes :

« Il me semble justifié d'attribuer aux étamines la fonction des organes génitaux mâles et de considérer l'ovaire, avec son stigmate et son style, comme l'organe génital femelle. Mais si nous avons, de cette façon, montré les différences sexuelles des plantes, le processus de la reproduction reste inconnu. »

On voit donc que les expériences de Camerarius marquent une étape très importante de la découverte de la sexualité des plantes Pour beaucoup d'historiens, l'œuvre expérimentale de Camerarius fait de ce botaniste le véritable découvreur de cette sexualité[39]. Cependant ses conclusions débouchent sur un grand point d'interrogation : que se passe-t-il après que le pollen a recouvert les stigmates du pistil ? Comment naissent la graine et le fruit ? Le mystère de la fécondation reste entier et les premiers éclaircissements ne seront apportés qu'au XIXe siècle.

Les expériences de Camerarius furent reprises par un botaniste britannique : **Richard Bradley** (1688-1732) qui démontra pour la première fois les rôles respectifs des étamines et du pistil dans les fleurs véritablement hermaphrodites. Rappelons que Jacob Bobart et Camerarius avaient utilisé pour leurs démonstrations les fleurs mâles ou femelles de plantes dioïques.

Richard Bradley était professeur de botanique à l'Université de Cambridge. Il fut élu membre de la Royal Society en 1712. Son œuvre la plus célèbre est la suivante : *New improvements of planting and gardening, both philosophical and practical.* Publié pour la première fois en 1717, l'ouvrage fut plusieurs fois réédité jusqu'en 1731. La première traduction française parut en 1750 et fut suivie de plusieurs réimpressions, dont la plus importante est la suivante : *Nouvelles observations physiques et pratiques sur le jardinage et l'art de planter, avec le calendrier des jardiniers,* Paulus-Du-Mesnil, Paris, 1756, 3 volumes (édition numérisée par Google book). Les plus belles expériences de Bradley ont été faites sur la Tulipe (figure 15), qu'il décrit ainsi dans son ouvrage :

« De la Tulipe

Il ne manque à la Tulipe, à mon avis, qu'une odeur agréable pour faire la plus belle fleur du monde. Il y en a des

---

39 Gaston Bonnier écrit par exemple dans *Le monde végétal*, opus cité : « Ce fut donc Camerarius qui recueillit la gloire d'avoir découvert la sexualité de la fleur » (p. 7).

espèces à l'infini, qui diffèrent beaucoup les unes des autres, qui déploient leur beauté et effacent toutes les autres plantes d'un jardin » (p. 304, tome 1).

Dans un chapitre intitulé : *De la génération des plantes*, Richard Bradley précise d'abord ce qu'il veut démontrer :

« Les plantes n'ayant point la faculté de changer de place, doivent par conséquent renfermer en elles-mêmes les deux sexes, afin de pouvoir engendrer sans avoir besoin du voisinage d'aucune autre plante. » (Tome 1, p. 20)

Comme on peut le constater, à ce moment de son raisonnement, Bradley s'attache uniquement au problème de la fécondation dans les fleurs hermaphrodites. Il reprend d'abord à son compte les spéculations d'un botaniste anglais, membre de la Royal Society, dont les idées sur la reproduction des plantes sont présentées de la manière suivante par l'historien Richard Pulteney ;

Figure 15. Données botaniques sur la Tulipe. *Ci-dessous:* a, b, c, données sur la fleur ; à droite : le fruit (capsule) fendu longitudinalement. *Page suivante*: plante entière.

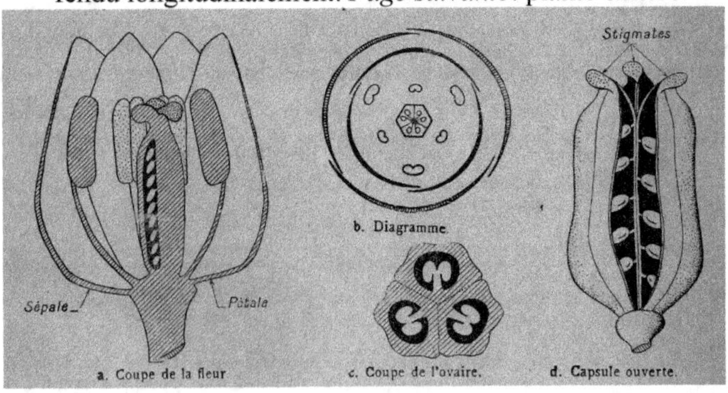

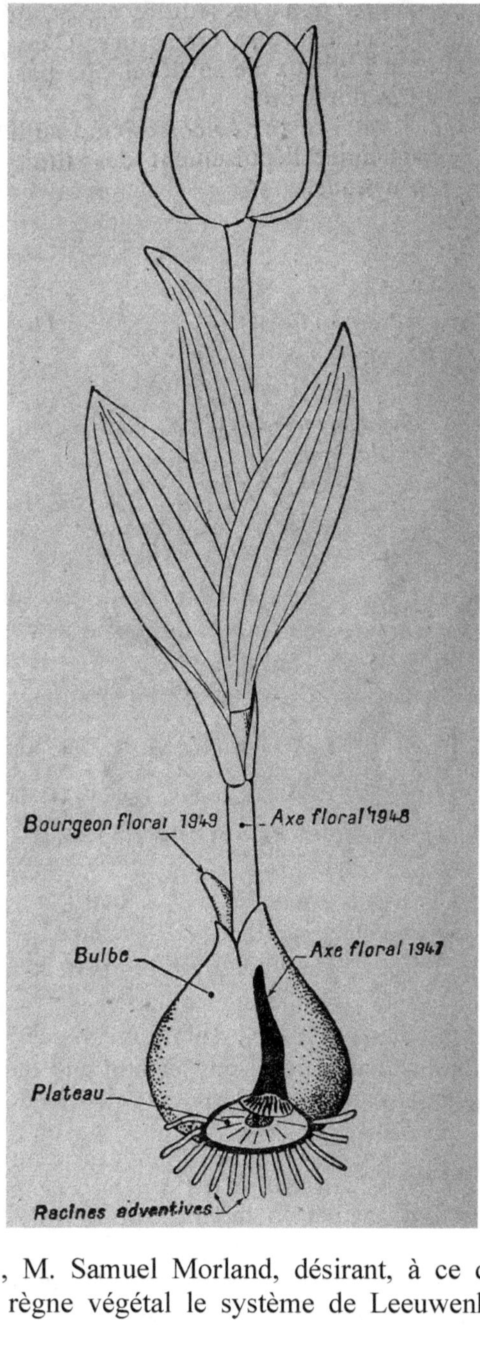

« En 1703, M. Samuel Morland, désirant, à ce qu'il paraît, étendre au règne végétal le système de Leeuwenhoek sur la génération, lut devant la société Royale un morceau où il avance que la *farina* [= la poudre relâchée par les étamines, le pollen] est un amas de plantes séminales, dont une doit être transmise par le style de chaque *ovum* [aujourd'hui : pistil] ou semence, avant qu'il puisse devenir prolifique. L'hypothèse de Morland tendait à confirmer la doctrine générale, en excitant la curiosité sur ce sujet, à une époque où la théorie de Leeuwenhoek était populaire. Mais cette hypothèse n'était pas admissible par elle-même, puisque peu de styles sont creux, ou, s'ils sont sensiblement tubulaires, ils ne sont pas assez perméables pour admettre des particules de la grandeur de la *farina.* »[40]

Partant donc des hypothèses de Samuel Morland, Richard Bradley reformule ainsi la question en débat :

« M. Samuel Morland [...] nous a appris, en l'année 1703, comment le duvet des étamines des fleurs, c'est-à-dire la semence mâle, est porté dans la matrice ou vase séminal d'une plante, où il va féconder les graines qui y sont contenues. Je me suis proposé ensuite d'examiner cette vérité et j'ai été assez heureux pour la porter jusqu'à la démonstration par plusieurs expériences. » (Tome 1, p. 22)

Voici comment ces expériences sont décrites dans l'ouvrage :

« Je vais passer maintenant à ce que j'appelle la partie démonstrative de ce système. C'est sur la tulipe que j'ai fait ma première expérience. Je l'ai choisie préférablement à toute autre plante, parce qu'elle manque bien rarement de rapporter de la graine. J'eus la commodité, il y a plusieurs années, de disposer d'un grand jardin dans lequel il y avait d'un côté un carreau considérable de tulipes qui en contenait bien quatre cents pieds ; et de l'autre côté, fort loin des premières, douze belles tulipes en bon état. À mesure que ces douze s'épanouissaient, ce que j'avais grand soin d'observer, j'en arrachais tous les sommets [=

[40] R. Pulteney, *Esquisses historiques et biographiques des progrès de la botanique en Angleterre,* 1809, opus cité, p. 353.

étamines] avant que la farine fécondante fût mûrie, et même avant qu'elle parût. Ces tulipes, ainsi mutilées, ne donnèrent point de graine cet été, au lieu que de l'autre côté, chacune des quatre cents [tulipes] auxquelles je n'avais pas touché produisit de la semence. » (Tome 1, p. 35)

Après avoir expérimenté sur une fleur hermaphrodite, Bradley recommença des expériences sur une plante monoïque, le noisetier ou « avelinier », à fleurs mâles et femelles séparées sur le même pied.

« Mais pour démontrer d'une manière plus convaincante que les plantes engendrent suivant la marche que j'ai tâché d'expliquer, je recommande fort à mes Lecteurs de faire l'expérience suivante. Choisissez un pied de noisetier (figure 16) ou d'avelinier qui soit en état de rapporter, et éloigné de tout autre arbre de la même espèce. Cet arbre pousse au mois de janvier ce qu'on appelle des chatons, c'est-à-dire de longues grappes composées de fleurs fort petites, qui vers le commencement de mars se couvrent de duvet fin ou semence mâle. C'est alors le temps que les fleurs ou parties femelles paraissent sur les branches du même arbre : elles sont fort petites et difficiles à distinguer à moins qu'on n'y regarde de bien près d'autant qu'elles n'offrent à la vue qu'une petite grappe de filaments écarlates, lesquels sont autant de tuyaux qui conduisent aux rudiments des fruits. Tout cela arrive dans une saison venteuse, afin que le duvet mâle puisse être conduit plus aisément dans les matrices ou fleurs femelles de la plante. Or, aussitôt que les chatons commencent à paraître, il faut avoir soin de les détacher de l'arbre, et il ne se produira point de fruit cette année, à moins que vous n'ayez le dessein d'en choisir quelques fleurs qui pourraient être fertilisées par les chatons d'un autre arbre, qu'on cueillera tout frais tous les matins pendant trois ou quatre jours de suite, pour en jeter légèrement le duvet sur elles sans briser leurs fibres. » (Tome 1, p. 36)

Enfin Bradley affirme son accord avec Samuel Morland sur un point important, en montrant que les grains de pollen peuvent descendre dans le style jusqu'à l'ovaire et même jusqu'aux « graines » [= ovules] contenues dans l'ovaire. De toute évidence Grew était en désaccord sur ce point (voir ci-dessus p. 48).

« Or il est évident, écrit-il, que la farine fécondante ou poussière mâle est douée d'une vertu magique. Car c'est elle que les abeilles vont chercher sur les fleurs et dont elles se garnissent les cavités des pattes de derrière pour en faire leur cire [...]. Mais de plus, que les particules de cette poudre soient destinées par la Nature à passer dans les ovaires des plantes et même dans les œufs ou graines qui y sont contenus, c'est ce qu'il est aisé d'observer. Déchirez le pistil d'une fleur ; vous y verrez que la Nature a ménagé un passage suffisant pour l'introduire [la « poudre » du pollen] dans la matrice » (p. 25).

En outre, Bradley examine le pollen de diverses espèces au microscope et en décrit les particularités.

Figure 16 – Données botaniques sur le Noisetier

Conclusion : le grand débat sur la sexualité et la reproduction des êtres vivants au XVIIe siècle.

Si l'on fait le point de la situation concernant la sexualité des plantes au début du XVIIe siècle, on peut dégager les idées suivantes :

- Certains botanistes n'admettent aucune sexualité chez les végétaux comme l'affirmait déjà André Césalpin à la fin du XVIe siècle.
- Cependant la majorité des botanistes reconnaissaient bien l'existence d'une sexualité chez les végétaux. Assez facilement constatée dans le cas des plantes dioïques, à sexes séparés, (le figuier, le palmier dattier, les Lychnis, le mûrier, la mercuriale), cette sexualité est généralement étendue aux plantes monoïques (à fleurs mâles et femelles séparées, mais existant sur le même pied, comme le chêne et le noisetier). La présence simultanée des deux sexes est reconnue aux plantes à fleurs hermaphrodites, renfermant à la fois des étamines et un pistil formé de carpelles soudés.
- Mais tous les botanistes --- dont bien peu étaient des microscopistes avertis --- ignoraient les phénomènes intimes de la fécondation d'un gamète femelle par un gamète mâle.
- Cette ignorance aboutissait dans tous les cas à des idées erronées sur le déroulement de la reproduction sexuée des plantes. Que les étamines soient les organes reproducteurs mâles était assez généralement reconnu. Le rôle du pollen comme semence mâle était bien admis par beaucoup de botanistes (Bobart, Grew, Camerarius, Morland, Bradley, parmi les principaux) mais non par tous. Malpighi et Tournefort, notamment, persistaient à considérer que pétales et étamines étaient des organes assurant la digestion des sucs apportés par la sève et que les étamines, principalement, servaient à l'excrétion des déchets de cette digestion. Ces auteurs reprenaient ainsi à leur compte les suggestions de Césalpin.

Par ailleurs, parmi les auteurs qui admettaient le rôle du pollen comme semence mâle, un désaccord profond régnait entre eux sur l'action de ce pollen. Pour certains auteurs, comme Morland par exemple, le pollen restait sur les stigmates du pistil et ne descendait pas jusqu'aux « graines » [= ovules] contenues dans les carpelles soudés en ovaire. En revanche, pour d'autres auteurs, Malpighi ou Bradley par exemple, qui avaient examiné les pistils sous le microscope, les grains de pollen pouvaient effectivement descendre jusqu'aux ovaires par un petit canal creusé dans le style du pistil. Cependant l'analyse de ces observateurs n'allait pas jusqu'à déceler des fusions cellulaires et l'action du pollen provoquant la naissance des graines et la fructification ne pouvait s'expliquer que par une « vertu magique », un mystérieux « pouvoir fécondant » détenu par le pollen.

Mais cette dernière conception sur le rôle indispensable du pollen dans la reproduction des plantes était loin de faire l'unanimité. Un grand débat sur la reproduction des êtres vivants divisait en effet tous les biologistes au début du XVIIe siècle : le débat entre « animalculistes » et « ovistes », tous cependant partisans de « l'emboîtement des germes ».

Ovistes et animalculistes

Chacun sait aujourd'hui que dans la reproduction sexuée des animaux, le parent mâle fournit une cellule reproductrice : le gamète mâle ou *spermatozoïde*, et le parent femelle, un gamète femelle ou *ovule*. La fécondation de la femelle par le mâle aboutit à la fusion des deux gamètes (ou tout au moins à la fusion du noyau du gamète mâle avec le noyau du gamète femelle) et à la formation d'une *cellule-œuf*, cellule primordiale du descendant des animaux parents. Cette cellule-œuf se divise un très grand nombre de fois pour former l'embryon, puis le fœtus, et finalement le jeune animal de la génération suivante. Ces notions fondamentales élémentaires étaient totalement inconnues au XVIIe siècle. Ce n'est qu'en 1827 que Karl Ernst von Baer découvrira, dans l'intérieur des follicules de De Graaf les ovules de Mammifères ; ce n'est qu'en 1875 qu'Oscar Hertwig observera, pour la première fois, la pénétration d'un spermatozoïde dans un ovule d'oursin. Quant à la localisation des déterminants héréditaires (ou *gènes*) sur l'ADN des chromosomes paternels et maternels, il faut attendre le milieu du XXe siècle pour qu'elle soit démontrée. En conséquence, les propositions scientifiques sur la reproduction des animaux, au XVIIe siècle, sont essentiellement théoriques et spéculatives.

Trois grands courants d'idées se partageaient alors les faveurs des biologistes ou des philosophes, sur cette question. Pour Descartes et ses disciples, reprenant les propositions de William Harvey[41], les deux parents intervenaient dans la reproduction, chacun par une semence particulière ; l'embryon provenait du mélange des deux semences. Les différents organes de l'embryon apparaissaient progressivement par *épigenèse*. Pour les *ovistes*, c'est la femelle qui fournit avec l'œuf, le matériau essentiel de la « génération ». L'ovisme se prolonge inévitablement par la théorie de « l'emboîtement des germes préexistants », ou théorie de « la préformation des germes » : dans l'œuf de la femelle, s'emboîtent comme des poupées russes, tous les embryons « préformés » des descendants de toutes les générations suivantes. Un des meilleurs résumés des théories préformationnistes a été proposé, dès la fin du XVIIe siècle, par Malebranche (1638-1715), dans son livre *De la recherche de la vérité*, publié de 1668 à 1673. Ayant sans doute repris l'essentiel de son raisonnement à Swammerdam ou à Malpighi, Malebranche écrit :

« Il ne paraît pas même déraisonnable de penser qu'il y a des arbres infinis dans un seul germe ; puisqu'il ne contient pas seulement l'arbre dont il est la semence, mais aussi un très grand nombre de semences, qui peuvent toutes renfermer en elles-mêmes de nouveaux arbres et de nouvelles semences d'arbres ; lesquelles conserveront peut-être encore dans une petitesse incompréhensible, d'autres arbres et d'autres semences aussi fécondes que les premières, et ainsi à l'infini. […] On pourrait dire que dans un seul pépin de pomme, il y aurait des pommiers,

---

[41] W. Harvey, *Exercitationes de generatione animalium*, O. Pulleyn, Londres, 1651, 350 pages.

des pommes et des semences de pommiers pour des siècles infinis ou presque infinis.[42] »

Enfin, la troisième conception de la reproduction sexuée est celle des « animalculistes ». Depuis la découverte des spermatozoïdes ou « animalcules spermatiques » par Leeuwenhoek, en 1677, et après que fut constatée la généralité de ces « vers spermatiques » dans tout le règne animal, certains biologistes (en premier lieu Leeuwenhoek lui-même) considèrent que c'est le mâle qui apporte, dans la « génération », l'élément reproducteur fondamental, la femelle ne fournissant, dans sa matrice, que de la nourriture aux « animalcules spermatiques ».

La querelle entre ovistes et animalculistes fut interminable, les partisans de l'une ou l'autre théorie ne cessant d'échanger invectives ou arguments, tout au long des XVIIe et XVIIIe siècles.

---

[42] N. Malebranche, *De la recherche de la vérité*, A. Pralard, Paris, 4e édition, 1678 (p.13 du Vol. 1 numérisé par Google book).

Chapitre 2
Sébastien Vaillant, un botaniste infatigable

Sébastien Vaillant naquit le 26 mai 1669 à Vigny, petit village situé près de Magny-en-Vexin, dans le val d'Oise. Dans la préface qu'il rédigea pour l'ouvrage de Sébastien Vaillant : *Botanicon Parisiense*[43], publié en 1727, le grand naturaliste hollandais Hermann Boerhaave (1668-1738) écrit :

« Enfin on peut dire que la gloire de la botanique s'augmente surtout en ce temps où, de toutes parts, des hommes habiles et nés pour de tels mystères, observent dans les lieux où ils demeurent, chaque plante en particulier, puis les marquent, les décrivent, en donnent des dessins, et les conservent entre des feuilles de papier, afin que par là ils augmentent les monuments immortels d'un art qui ne périra jamais.

S'il y a quelqu'un qui ait dignement rempli ces trois choses, l'on peut dire avec justice que c'est Monsieur SÉBASTIEN VAILLANT ; il est inutile d'en alléguer d'autres preuves que l'ouvrage que nous donnons au public, et pour lui donner plus de lustre, nous rapporterons quelques circonstances de la vie de l'auteur. »

I. Naissance de la vocation de botaniste chez le jeune Sébastien Vaillant

Dans sa préface Boerhaave continue :

« Il naquit le 26 mai de l'année 1669, à Vigny, lieu situé au-dessus de Pontoise. Il était le quatrième de six enfants, savoir trois filles qui étaient les aînées, et trois garçons dont il était le premier, qui naquirent du mariage de Denys Vaillant, marchand, et de Marguerite Pinson, ses père et mère.

[43] S. Vaillant, *Botanicon Parisiense ou Dénombrement par ordre alphabétique des Plantes qui se trouvent aux environs de Paris*, J.H. Verbeek et B. Lakeman, Leyde et Amsterdam, 1727, 205 pages avec index et planches.

À l'âge de quatre ans, ses parents l'envoyèrent à l'école pour lui faire apprendre à lire et pour commencer à l'instruire dans sa religion.

Son inclination naturelle le porta dès l'âge de cinq ans à contempler les plantes qu'il trouvait aux environs de son lieu natal et à ramasser celles qui lui paraissaient les plus belles et qui le frappaient le plus. Non content de cela, il en apportait tous les jours de nouvelles dans le jardin de son père et en chargea en peu de temps tellement le terrain, que celui-ci ressemblait à une terre inculte et pleine d'herbes sauvages. Le père, qui ne voulait pas réprimer l'ardeur de son fils, ni cependant souffrir qu'il infestât tout le jardin de ces plantes sauvages, lui en marqua un endroit dans lequel il lui permit de cultiver ses plantes. Ayant épuisé la campagne, il se glissa adroitement dans tous les jardins voisins pour découvrir de nouvelles plantes, et lorsqu'il en trouvait quelques-unes à son gré, il les apportait tout joyeux dans son jardin. »

À six ans, son père met Sébastien en pension, chez Monseigneur Subtil, à Pontoise, « pour lui apprendre à lire, à écrire et pour lui enseigner le Latin et la religion. » Le Père Subtil sera un maître sévère. En pension, l'enfant fut affligé d'une fièvre intermittente, qui, malgré les remèdes du médecin et une diète sévère, dura plus de quatre mois. Boerhaave raconte que le jeune Sébastien se fabriqua tout seul un remède de laitues assaisonnées de vinaigre et qu'enfin il guérit.

« Le maître, nous dit Boerhaave, avait coutume de mener promener les jours de congé ses écoliers à la campagne. Vaillant, profitant de cette occasion, s'éloignait de ses camarades plutôt que de jouer avec eux, il courrait d'un côté et d'autre pour découvrir des plantes. »

Le Père Subtil voulut que le jeune Vaillant apprît la Musique et qu'il jouât du clavecin et de l'orgue. Sébastien étudia donc auprès de l'organiste du monastère de Saint Maclou et succéda même à ce musicien après le décès de ce dernier. Mais Vaillant préféra bientôt fréquenter l'Hôpital de la ville où il apprenait à panser les malades car il se proposait de devenir chirurgien. Pour comprendre ce dessein, il faut tenir compte du fait qu'à cette époque, Médecine et Botanique étaient enseignées conjointement à l'Université, l'étude des plantes n'étant entreprise que pour connaître leurs propriétés thérapeutiques. À dix-neuf ans, Sébastien Vaillant quitta Pontoise pour Évreux et commença à exercer la chirurgie dans l'Hôpital de cette ville. Il fit même un séjour dans l'armée des Flandres avec le grade de lieutenant. Selon certains biographes, il assista comme chirurgien à la bataille de Fleurus (1er juillet 1690).

II. Sébastien Vaillant, assistant de Tournefort

On le retrouve chirurgien à Paris en 1691. Il suit alors, au Jardin du Roi, les cours de botanique du célèbre Joseph Pitton de Tournefort (1656-1708) et l'accompagne au cours de ses herborisations hebdomadaires dans la campagne environnante. Dans la préface de Boerhaave au *Botanicon Parisiense*, on peut lire :

« [Vaillant] se trouvait toujours au cours des démonstrations du Jardin Royal ; il venait tous les jours [de Neuilly où il habitait] de grand matin à Paris ; il arrivait au jardin ordinairement le premier, à cinq heures du matin, quoiqu'il eût déjà fait plus de deux lieues de chemin en moins d'une heure de temps. Il apportait souvent des plantes de la campagne, qui manquaient au jardin, et il les plaçait chacune selon son genre à la réquisition de Monsieur Tournefort, qui les démontrait aux étudiants.

À la sortie de la démonstration, il allait à l'amphithéâtre pour y écrire les vertus des plantes, que Monsieur le Professeur alors dictait. »

Sébastien Vaillant tenait ainsi le rôle d'Assistant de Joseph Pitton de Tournefort. Boerhaave assure que Vaillant utilisa toute sa vie les *Éléments de Botanique*[44] de son maître Tournefort. Celui-ci, appréciant beaucoup le zèle et les connaissances de son élève, l'associa à la rédaction de son

[44] J. Pitton de Tournefort, *Éléments de Botanique ou Méthode pour connaître les plantes,* Imprimerie royale, Paris, 1694, 3 volumes.

ouvrage : *Histoire des plantes qui naissent aux environs de Paris*[45], publié en 1698.

Au Jardin du Roi, Vaillant suit aussi les cours d'anatomie de Joseph du Verney et ceux de chimie d'Antoine de Saint-Yon. C'est alors que Guy-Crescent Fagon (1638-1718), premier médecin de Louis XIV, professeur de botanique et sous-démonstrateur au Jardin du Roi, le prend comme secrétaire. Il obtient dès lors l'accès illimité au Jardin du Roi et peut se consacrer entièrement à l'étude des plantes. En outre, sa charge de Secrétaire du médecin de Louis XIV l'obligeait à suivre la Cour dans ses déplacements vers les demeures royales de Meudon, Marly, Vincennes, Saint Germain, Fontainebleau et surtout Versailles. Dans toutes ces villes, proches de Paris, Vaillant herborisait sans cesse et, sous son impulsion, les collections du Jardin du Roi croissaient constamment. Dans sa *Revue de la Flore parisienne*[46] de 1843, François Victor Mérat écrit :

« Vaillant avait visité avec beaucoup de soin la plupart des localités des environs de Paris ; nous avons pris plaisir à vérifier beaucoup de ses indications et nous pouvons affirmer qu'elles sont fort exactes » (p. 384).

III. Professeur au Jardin du Roi

En 1708, Fagon lui donna la place de professeur et sous-démonstrateur des plantes au Jardin du Roi, lui-même devenant directeur du Jardin. Boerhaave indique dans sa Préface au *Botanicon parisiense* que Tournefort avait sollicité ce poste auprès de Fagon, mais celui-ci lui préféra Vaillant, qui fut ainsi nommé Professeur au Jardin du Roi sans l'avoir demandé. Vaillant se montra très honoré de la charge que lui confiait Fagon. Deux développements du Jardin des plantes furent réalisés à cette époque. Fagon obtint d'abord de Louis XIV

---

45 J. Pitton de Tournefort, *Histoire des plantes qui naissent aux environs de Paris, avec leur usage dans la médecine*, 2e édition, Jean Musier, Paris, 1725, 2 tomes.

46 F.V. Mérat, *Revue de la Flore Parisienne suivie du Botanicon parisiense*, Baillère, Paris, 1843, 487 pages.

l'autorisation de construire un Cabinet des Drogues et c'est Vaillant qui fut chargé d'en assurer le fonctionnement et l'entretien. D'autre part, en 1714, Sébastien Vaillant obtint l'autorisation de construire dans le Jardin une deuxième serre chaude pour la culture des plantes grasses et une troisième sera construite sous son impulsion en 1717.

Figure 17 – Sébastien Vaillant, Professeur au Jardin du Roi.

Vaillant fut un botaniste très travailleur. Ayant lu avec beaucoup d'attention l'ouvrage de Tournefort : *Institutiones rei Herbariae [La Méthode en Botanique]*[47], il présenta à l'Académie Royale des Sciences, le 17 décembre 1721, ses

[47] Joseph Pitton de Tournefort, *Institutiones rei Herbariae*, Typographia Regia [Imprimerie Royale], Paris, 1700-1703, 3 tomes.

Remarques sur la Méthode de Monsieur Tournefort[48] ; ces remarques avaient été soumises auparavant par Vaillant à Fagon et celui-ci, les appréciant hautement, avait fait en sorte que Vaillant soit élu à l'Académie royale des Sciences dès 1716. Cette fois encore, Boerhaave souligne que Vaillant n'avait aucunement fait acte de candidature pour entrer à l'Académie.

IV. Les *Remarques sur la méthode de Monsieur Tournefort*

Le Mémoire que Sébastien Vaillant adresse à l'Académie des Sciences est très critique sur la classification des plantes proposée par l'auteur des *Institutiones rei herbariae.* Mais Tournefort était unanimement respecté pour avoir publié, en 1700, une œuvre monumentale dans laquelle pas moins de 10.000 espèces végétales étaient décrites et classées selon la méthode qu'il avait inventée : le « système de Tournefort ». Il s'agit d'une « classification artificielle » qui est résumée dans le tableau 1.

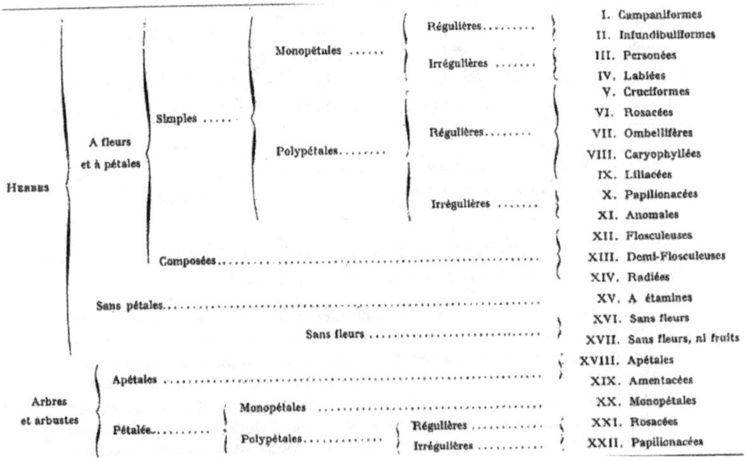

Tableau 1. La classification de Tournefort

[48] Sébastien Vaillant, *Remarques sur la Méthode de Monsieur Tournefort*, Mémoires de l'Académie Royale des sciences, Paris, 1722, 22 pages (p. 243-264).

Pour établir les 22 classes de ce système de classification, Tournefort avait utilisé les critères principaux suivants :

1. Les plantes sont divisées en deux grands ensembles : « Herbes » et « Arbres et arbustes ». Tournefort reprend donc la distinction établie dans l'Antiquité par le botaniste grec Théophraste (voir p. 22).

2. C'est la structure des fleurs qui guide ensuite le classificateur. Il distingue d'abord les plantes à fleurs des plantes sans fleurs (cryptogames en botanique contemporaine) qu'il regroupe toutes en deux classes : plantes sans fleurs, plantes sans fleurs ni fruits.

3. S'attachant ensuite à la classification des « herbes », Tournefort distingue les herbes à fleurs et à pétales apparents des herbes à fleurs sans pétales.

4. Parmi les herbes de la première catégorie, il distingue les herbes à fleurs simples des herbes à fleurs composées (pour l'essentiel, les fleurs à capitules).

5. Dans toutes les catégories (herbes et arbres) de plantes présentant des fleurs à pétales apparents, Tournefort distingue : *a*) des fleurs dans lesquelles les pétales sont soudés entre eux (qu'il nomme fleurs *monopétales*, ce qui correspond aux fleurs *gamopétales* dans la nomenclature botanique actuelle) et *b*) des fleurs ayant les pétales libres, séparés les uns des autres (qu'il nomme *polypétales*, ce qui correspond à nos fleurs *dialypétales*).

6. Enfin, dans toutes les catégories (arbres et herbes) de plantes à fleurs (monopétales et polypétales), Tournefort distingue les plantes à fleurs *régulières* (c'est-à-dire à symétrie radiale) des plantes à fleurs *irrégulières* (à symétrie bilatérale).

Les principales critiques générales adressées par Vaillant à ce système de classification peuvent se résumer ainsi :

1. On ne peut admettre, écrit Vaillant, qu'un même critère structural (par exemple la corolle à pétales soudés en une seule pièce) soit utilisé plusieurs fois, dans des classes différentes. Les « Remarques sur la méthode de Monsieur Tournefort » s'ouvrent ainsi sur la phrase suivante :

« On ne comprend pas comment M. Tournefort a dispersé dans diverses classes, des Plantes qui se ressemblent par tant d'endroits différents, et surtout celles dont la fleur est d'une seule pièce, vu qu'il a déclaré qu'une classe de Plantes est un amas de plusieurs genres, lesquels conviennent tous en ce qu'ils ont certaines marques communes qui les distinguent essentiellement des autres genres et qu'il suffisait que ces marques fussent tirées ou de la structure de leurs fleurs ou de celle de leurs fruits seulement » (p. 243 du Mémoire).

Vaillant cite en note, comme exemple de dispersion artificielle, le *Dipsacus* et la *Scabiosa,* que Tournefort place dans sa XIIe classe, la *Valeriana* (IIe classe), le *Viburnum* (XXe classe). Ces genres sont aujourd'hui effectivement regroupés dans l'ordre des *Dipsacales*, à inflorescences en capitules ou en ombelles, à fleurs souvent irrégulières, gamopétales et à ovaire infère. Mais ces plantes sont cependant classées dans des familles différentes. De plus, Vaillant rattachait au même groupe de plantes, dans sa note, le *Fraxinus* (XVIIIe classe), qui n'appartient pas à l'ordre des *Dipsacales* en botanique moderne.

2. La division des plantes en herbes ou en arbres, reprise de Théophraste, est inutilisable dans un système classificatoire moderne.

« La division des Plantes en Herbes et en Sous-arbrisseaux, en Arbres et en Arbustes, n'est pas, comme il le prétend, une règle qu'on puisse suivre, puisqu'il l'abandonne dès la première, la seconde et la troisième classe » (p. 244).

En effet, différents critères généraux, parmi ceux retenus par Tournefort, se retrouvent aussi bien dans des herbes que dans des arbres. Si l'on considère les différentes plantes que Tournefort a rangées dans les 22 classes de son système, on trouve dans certaines classes à la fois des herbes, des arbustes de toutes tailles et même des grands arbres.

« Il [Tournefort] abandonne pareillement cette règle [la division en herbes et en arbres] dans les trois classes qui traitent des Arbres et des Arbustes où il a réduit [placé] quantité de Sous-arbrisseaux et même des Herbes, parce qu'il ne lui était pas possible de la mettre en pratique » (p. 244).

3. La symétrie radiale ou bilatérale des fleurs ne peut également servir de critère classificatoire puisque nombre de classes établies par Tournefort contiennent finalement des plantes à fleurs « régulières » et d'autres à fleurs « irrégulières ».

« Les règles de régularité et d'irrégularité, sur lesquelles cet Auteur célèbre a établi le caractère de plusieurs classes, sont aussi des préceptes impraticables » (p. 245).

Le Mémoire passe ensuite en revue les 22 classes établies par Tournefort et dans chaque classe Vaillant cite de nombreuses plantes rangées par l'auteur à l'intérieur de cette classe et qui, selon ses propres critères, ne devraient pas y figurer.

Ces critiques de la méthode de classification des plantes selon Tournefort ont été jugées très violentes, presque « sacrilèges », par les autres botanistes, tant étaient grands le prestige et l'autorité de l'auteur des *Institutiones rei herbariae*. Pourtant Vaillant avait attendu plus de vingt ans avant de publier ses critiques dans un Mémoire adressé à l'Académie Royale des Sciences (alors que Tournefort était décédé depuis 12 ans) et il avait pris la précaution de faire part de ses réserves à son maître Fagon. Mais l'Académie enjoignit à Vaillant de ne plus publier désormais aucun texte critique envers l'œuvre de Tournefort. Ajoutons qu'après la mort de Sébastien Vaillant, l'Académie « oublia » de faire prononcer son « éloge », comme c'était pourtant la tradition pour chacun de ses membres décédés.

V. Les dernières années du grand botaniste

Sébastien Vaillant travaillait si intensément qu'il ruina sa santé. Voici comment Boerhaave décrit le développement de sa maladie :

« Quoique robuste et agile, il altéra sa santé par des fatigues excessives ; il passait les nuits au milieu des champs, ses études étaient immodérées, et au lieu de relâcher son travail, il s'opiniâtrait, malgré sa faiblesse, à travailler encore davantage. Par là, il ruina entièrement son corps ; son poumon fut attaqué, il rendit par la bouche de petites pierres dures, dont le nombre monta à plus de 400, ce qui lui attira un asthme qui devint incurable et dont, pendant les quatre dernières années de sa vie, il augmenta encore les incommodités par l'excès de ses travaux. »

En 1721, se sentant mourir, il chargea Hermann Boerhaave de surveiller l'édition de son ouvrage *Botanicon parisiense*. Celui-ci accepta et acheta à Claude Aubriet, peintre au Cabinet du Roi, les 300 illustrations que Vaillant avait préparées et fait faire pour son ouvrage. Une première édition du *Botanicon parisiense* parut en 1723, un an après la mort de Sébastien Vaillant, et une deuxième édition, richement illustrée, parut en 1727 (Figure 18).

Sébastien Vaillant mourut pieusement le 20 mai 1722. Boerhaave ajoute :

« Il a laissé un herbier qui, après celui de Monsieur Sherard [anatomiste anglais], est peut-être le plus beau et le plus parfait qu'il y ait. Il l'a fait lui-même, la plupart des plantes se trouvent ornées de leurs fleurs et de leurs graines ; on y voit les noms et les synonymes de ces plantes, sur plusieurs desquelles il a fait des remarques. Il a joint à quelques autres de judicieuses critiques des Auteurs. Entre ce qu'il a laissé, on a trouvé le riche herbier de Monsieur Fagon, dont l'illustre Monsieur Fagon le fils lui aurait fait présent après la mort de Monsieur son père. »

Sébastien Vaillant avait épousé en 1701 une Demoiselle Françoise Nicole Bossonet, mais il n'eut pas d'enfant.

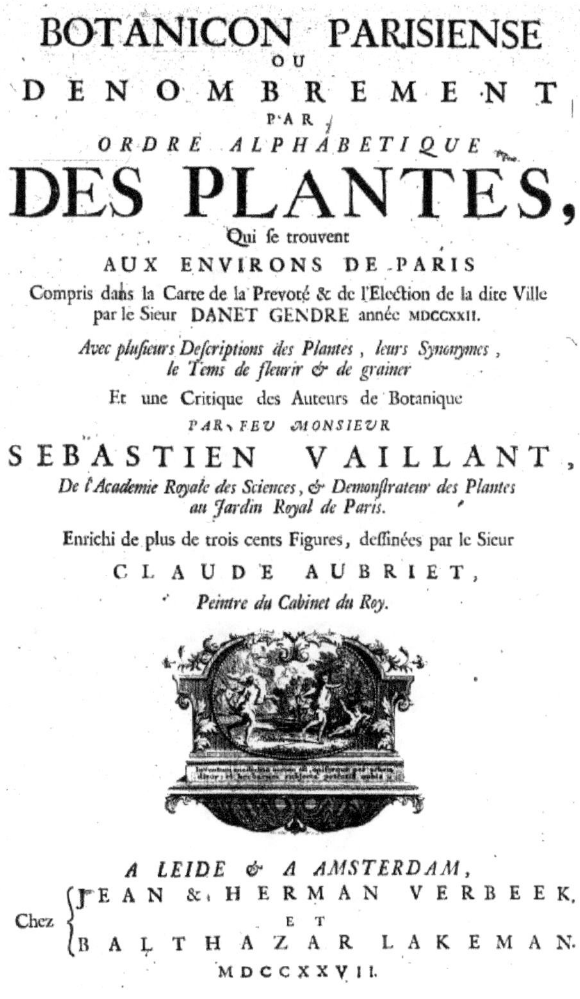

BOTANICON PARISIENSE
OU
DENOMBREMENT
PAR
ORDRE ALPHABETIQUE
DES PLANTES,
Qui se trouvent
AUX ENVIRONS DE PARIS
Compris dans la Carte de la Prevoté & de l'Election de la dite Ville
par le Sieur DANET GENDRE année MDCCXXII.
Avec plusieurs Descriptions des Plantes, leurs Synonymes,
le Tems de fleurir & de grainer
Et une Critique des Auteurs de Botanique
PAR FEU MONSIEUR
SEBASTIEN VAILLANT,
De l'Academie Royale des Sciences, & Demonstrateur des Plantes
au Jardin Royal de Paris.
Enrichi de plus de trois cents Figures, dessinées par le Sieur
CLAUDE AUBRIET,
Peintre du Cabinet du Roy.

A LEIDE & A AMSTERDAM,
Chez JEAN & HERMAN VERBEEK,
ET
BALTHAZAR LAKEMAN.
MDCCXXVII.

Figure 18 – Page de Titre du *Botanicon parisiense* de Sébastien Vaillant.

Chapitre 3
Le *Discours sur la structure des Fleurs* (1717)[49]

En évoquant ce texte, les botanistes français déclarent souvent que c'est Sébastien Vaillant qui a formulé le plus clairement, au début du XVIIIe siècle, des considérations vraiment pertinentes sur la sexualité des plantes et sur le rôle des différentes pièces florales dans la reproduction. Ces affirmations paraissent quelque peu exagérées.

Le *Discours sur la Structure des Fleurs*[50] a été prononcé le 10 juin 1717, à l'ouverture du cours de botanique du Jardin Royal de Paris. Ce *Discours* a été publié à Leyde (aux Pays-Bas) l'année suivante (voir l'annexe I). L'auditoire de Vaillant était composé d'étudiants en botanique, mais nombre d'entre eux étaient aussi étudiants en médecine. Devant ces étudiants, le professeur Vaillant sera naturellement tenté de rapprocher assez étroitement la sexualité des plantes de la sexualité des animaux, voire de celle de l'homme, ce qui donne un certain pittoresque à son discours.

À la page 2 de l'ouvrage, on peut lire que le texte publié a été « recueilli par les étudiants en botanique ». On peut néanmoins penser que le texte a été aussi revu et corrigé par Sébastien Vaillant lui-même. Concernant le langage qu'il va employer dans ce *Discours*, Vaillant précise :

« Peut-être que le langage dont je me servirai à ce sujet [pour décrire les propriétés des fleurs], semblera un peu nouveau en Botanique. Mais comme il sera rempli de termes tout à fait convenables à l'usage des parties que j'ai à exposer, je crois qu'on l'entendra beaucoup mieux que l'ancien, lequel était farci de mots impropres et équivoques, plus propres à embrouiller la matière qu'à l'éclairer, jetant dans l'erreur ceux dont

---

[49] Nous donnons le texte de Sébastien Vaillant en annexe.

[50] S. Vaillant, *Discours sur la structure des Fleurs, leurs différences et l'usage de leurs parties,* Pierre Vander, Leyde (Pays-Bas), 1718, 54 pages. (Numérisé sur le site *Gallica* de la BNF). Il s'agit d'une édition franco-latine : les pages paires sont en français, les pages impaires en latin.

l'imagination encore offusquée n'a aucune bonne notion des véritables fonctions de la plupart de ces mêmes parties. » (p. 2)

Sébastien Vaillant semble ici répondre par avance à des reproches que certains de ses collègues botanistes ont quelquefois adressés à ce *Discours* : la comparaison de la sexualité des plantes avec celle de l'homme, l'emploi, dans un discours universitaire, de termes empruntés à l'anatomie humaine (« pénis », « testicules » à propos des étamines), l'assimilation de l'éclatement des anthères libérant le pollen à la brusque éjaculation du sperme chez l'homme, tout cela devait en effet choquer (« offusquer » dit Vaillant) certains auditeurs ou lecteurs.

Pourquoi s'intéresser spécialement aux fleurs ? demande Vaillant. Parce que, répond-il, « entre les parties qui caractérisent les plantes, celles qu'on appelle *Fleurs* sont, sans contredit, des plus essentielles ». Vaillant se propose donc de parler clairement des fleurs parce que, estime-t-il encore, « tous les Botanistes ne nous en ont donné que des idées assez confuses. »

« Les fleurs ne devraient être prises, affirme ensuite Vaillant, que pour les organes qui constituent les différents sexes des plantes » (p.2) puisque ces organes se présentent quelquefois « nus », sans tuniques enveloppantes, c'est-à-dire sans pétales ni sépales. C'est le cas dans les plantes aquatiques citées au début du *Discours* (p.4) : *Typha palustris* (ou Masse d'eau), les *Potamogeton*, ou encore *Graminifolia aquatica* (ou *Utricularia*) et quelques espèces de Frênes (*Fraxinus*).

On voit donc que, pour Sébastien Vaillant, la question de l'existence ou de l'absence de sexe chez les plantes est tranchée : pour lui, compte tenu des expériences et des écrits de ses prédécesseurs, les plantes ont bien une sexualité et les fleurs sont les organes de cette sexualité. Cette affirmation est renforcée dans son esprit par la comparaison constante entre règne végétal et règne animal.

I. Les enveloppes externes des organes génitaux[51]

Les tuniques ou enveloppes externes des fleurs (sépales et pétales) ne sont destinées « qu'à couvrir et défendre » les parties centrales, qui sont, pour Vaillant, les véritables organes sexués intervenant dans la reproduction. Cependant, compte tenu des précisions qu'il se propose d'apporter sur les parties centrales, Vaillant se conforme à l'usage et réserve le terme de « fleurs » aux tuniques enveloppantes.

« Mais comme ces tuniques sont ordinairement ce qu'il y a de plus beau et de plus apparent dans le composé auquel on a donné le nom de *Fleur*, et que c'est précisément là que se borne la curiosité, l'amour et l'admiration de presque tout le genre humain, qui ne fait nulle attention au reste dont il ignore le nom et l'usage ; ce sont ces tuniques que par preciput [conformément à l'usage] j'appellerai *Fleurs*, de quelque structure et de quelque couleur qu'elles puissent être, soit qu'elles entourent les organes des deux sexes réunis, soit qu'elles ne contiennent que ceux de l'un ou de l'autre, ou seulement quelques parties dépendantes de l'un des deux, pourvu toutefois que la figure de ces tuniques ne soit pas la même que celle des feuilles de la plante, supposé qu'elle en porte » (p. 4).

Donc Vaillant décide d'appeler « Fleurs nues » (comme ci-dessus) ou même « fleurs effleurées » les fleurs apétales et « vraies Fleurs » les fleurs munies de toutes leurs tuniques. À propos de ces tuniques du périanthe des fleurs, la botanique moderne nous indique que ces pièces florales ne sont absolument pas dépourvues de tout rôle dans la reproduction des Angiospermes : la couleur des pétales, la forme de la corolle, la disposition des « lèvres » des fleurs à symétrie bilatérale (comme celles des Labiées ou des Papilionacées), la sécrétion du nectar par les glandes des pétales, toutes ces caractéristiques du périanthe jouent le plus grand rôle dans l'attraction des insectes qui assureront la pollinisation. La question de la pollinisation des

51 Les intertitres ne sont pas de Vaillant. L'auteur du présent ouvrage les a introduits pour rendre la lecture du *Discours* plus aisée.

fleurs par les insectes n'est pas du tout abordée par Vaillant dans son *Discours*.

Vaillant a observé que les tuniques du périanthe des fleurs hermaphrodites ne s'observent bien que dans les fleurs épanouies ; il emploie donc une comparaison assez osée (qui sera d'ailleurs reprise par Linné) et qui, selon certains, a pu choquer les contemporains : les tuniques du périanthe, écrit-il, sont les voiles entourant le lit nuptial.

« De la manière dont je viens de définir la *vraie Fleur*, on entend bien qu'elle doit être épanouie. Car lorsqu'elle n'est encore qu'en bouton, non seulement ses tuniques entourent immédiatement les organes de la génération, mais elles les cachent aussi, si exactement qu'en cet état on les peut regarder comme leur lit nuptial, puisque ce n'est ordinairement qu'après qu'ils ont consommé leur mariage, qu'elles leur permettent de se montrer ; ou si elles s'entrouvrent quelque peu pendant qu'ils en sont aux prises, elles ne s'épanouissent très parfaitement que lorsqu'ils se sont quittés » (p.6).

Évoquant ensuite les plantes monoïques (terme moderne) portant sur un même pied des fleurs femelles ne contenant que des carpelles et des fleurs mâles (à étamines seules) ou les fleurs hermaphrodites (à étamines et pistil), Vaillant évoque pour la première fois la pollinisation sous la forme d'un « tourbillon de poussière portant partout la fécondité ».

« Mais s'il arrive que sur un même pied de plante, il se rencontre des Fleurs [c'est-à-dire des tuniques florales] qui n'entourent que des organes féminins, et d'autres où se trouvent les deux sexes : la tension et le gonflement des organes masculins de celles-ci se fait si subitement, que les lobes du bouton, cédant à leur impétuosité, s'écartent çà et là avec une célérité surprenante. Dans cet instant, ces fougueux [les étamines, organes masculins] qui semblent ne chercher qu'à satisfaire leurs violents transports, ne se sentent pas plutôt libres que, faisant brusquement une décharge générale, un tourbillon de poussière qui se répand, porte partout la fécondité ; et par une étrange catastrophe, ils [les organes masculins] se trouvent tellement épuisés que, dans le même instant qu'ils donnent la vie, ils se procurent une mort soudaine » (p. 6).

La question du rôle des étamines dans la reproduction des plantes à fleurs sera reprise plusieurs fois par la suite.

II. Les Étamines

À la page 10 du *Discours* se trouvent les deux affirmations capitales qui distinguent Vaillant de nombre de botanistes de son époque :

« Les organes qui constituent les différents sexes des plantes sont deux principaux. Savoir les *Étamines* et les *Ovaires* » (p. 10).

Notons ici une imprécision regrettable dans le langage utilisé par Sébastien Vaillant : dans la phrase citée, quand il parle de « sexe », il désigne en vérité les organes génitaux, mâles (qu'il qualifie souvent de *masculins* comme dans l'espèce humaine) ou femelles (qu'il qualifie très souvent de féminins).

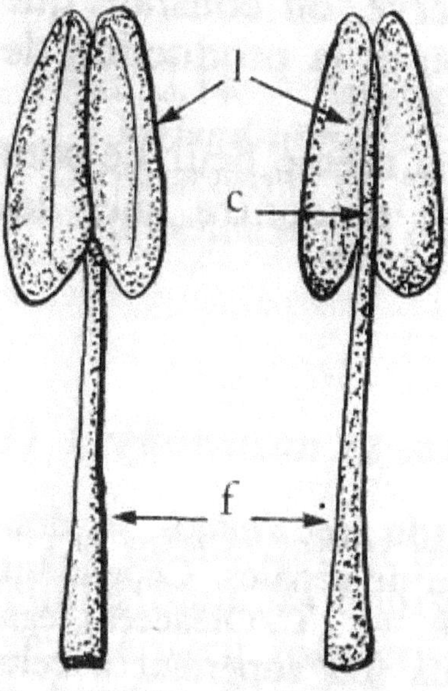

Figure 19 – Étamine de Giroflée (Crucifère) vue par sa face interne (à gauche) et par sa face externe (à droite). f : filet ; l : loges polliniques ; c : connectif.

(D'après R. Gorenflot, *Biologie végétale 2. Appareil reproducteur*, Masson, Paris, 1992, 255 pages).

Vaillant appelle donc les étamines : les *organes masculins* et donc les organes les plus nobles des plantes puisqu'ils servent à la reproduction de l'espèce. Ceci marque bien la différence avec Tournefort, son contemporain, auteur de *La méthode en Botanique*, dans lesquelles il désigne les étamines comme « les organes les plus vils et les plus abjects » ne servant qu'à excréter les déchets de coction des sèves. Les étamines sont composées, selon Vaillant, de « têtes et de queues » que l'on nomme plus vulgairement, dit-il, « sommets et filets ». Les « sommets ou têtes » correspondent aux « anthères », à deux loges polliniques, de la botanique moderne (Figure 19).

Sébastien Vaillant pousse jusqu'au bout la comparaison des étamines avec les organes de reproduction des animaux mâles ; cette comparaison, exprimée en langage cru, a pu choquer les contemporains.

« Ces *têtes*, qu'à juste titre, on peut appeler *testicules*, non seulement parce qu'elles en ont souvent la figure, mais aussi parce qu'en effet elles en font l'office, sont, dans toutes les plantes complètes, de doubles cartouches ou des capsules membraneuses, qui essentiellement ont deux loges pleines de poussières, dont les granules prennent ordinairement dans chaque espèce de plante une forme déterminée, comme l'ont observé Mrs. Grew, Malpighi, Tournefort, et, après eux, l'Auteur[52] des *Observations sur la structure et l'usage des principales parties des fleurs*, Mémoires de l'Ac. R. des Sc. Ann. 1711, p. 210.

Les *queues* ou *filets*, qui servent d'attaches et de supports aux testicules, et qui ne sont proprement que les gaines de leurs vaisseaux spermatiques, sont ou simples, comme dans les plantes Graminées, les Cypéracées, les Crucifères, les Ombellifères et autres ; ou bien elles sont branchues, comme dans le Ricin, le Laurier, etc. Elles sont distinctes et séparées les unes des autres dans les fleurs des susdites plantes ; mais dans certaines, comme sont celles de la plupart des Malvacées, des Cucurbitacées, des

52 Cet auteur est Claude Joseph Geoffroy dont l'ouvrage cité sera sévèrement critiqué par Vaillant à la page 26 du Discours. Nous discuterons ce point plus loin (voir p.91).

Légumineuses, etc., on les trouve si intimement soudées ensemble qu'elles ne font qu'un seul corps » (p. 10).

Vaillant reproche à Tournefort d'avoir quelquefois pris l'ensemble des filets des étamines soudés ensemble pour la fleur tout entière. Il cite notamment cette confusion de Tournefort dans le cas des Légumineuse ou des « Radiées à fleurons » (sans doute, Vaillant évoque-t-il ici, les capitules des Astéracées).

Quelques considérations assez fantaisistes sur l'origine des étamines sont avancées par Vaillant : ces organes naîtraient selon lui « de la base de l'Embryon du fruit lorsqu'il est contenu dans la fleur » ou même « des reins de l'Embryon comme dans le cas du Grand Nénuphar blanc (*Nymphea alba major*). » Les étamines peuvent aussi, dans certains cas, « sortir de la tête de l'Embryon » (p.12). Ces propositions fantaisistes prouvent que Sébastien Vaillant, comme tous ses confrères botanistes à la même époque, n'avait aucune idée claire sur l'embryologie des pièces florales. On trouve cependant, dans le *Discours*, cette affirmation exacte : dans les fleurs à pétales soudés [gamopétales], les filets des étamines « naissent presque toujours des parois intérieures de la fleur » (p. 12).

Sébastien Vaillant a observé, dans les fleurs doubles ou polypétales, la transformation des étamines en pétales :

« Comme les queues des testicules [= les filets des étamines] tiennent tout à fait de la nature des pétales, il arrive souvent que dans quelques espèces de certains genres à fleurs polypétales, elles se travestissent en pétales même pour former ces agréables monstres qu'on élève avec tant de soin sous le nom de *fleurs doubles* et parmi lesquelles on ne rencontre que peu ou point de testicules [= étamines]. Ces marâtres les dévorent, pour ainsi dire dès le berceau, en s'appropriant toute leur nourriture » (p. 14).

Ces fleurs doubles sont évidemment stériles, ce qui est un argument fort en faveur de la thèse de Sébastien Vaillant sur le rôle fécondant des étamines.

III. Les Ovaires

La partie du *Discours* qui concerne les organes génitaux femelles des fleurs est particulièrement imprécise. Reprenant la terminologie utilisée pour les animaux, Sébastien Vaillant, comme tous les botanistes de son époque, s'attache principalement aux « ovaires » et n'avance que secondairement l'appellation de « pistils ». Ignorant totalement le terme moderne de « carpelle » (Figure 20), il n'envisage jamais l'ovaire comme la partie inférieure renflée d'un carpelle ni que plusieurs carpelles puissent se souder au milieu de la fleur pour former un pistil à plusieurs loges.

Voici donc la présentation très imprécise des organes reproducteurs femelles fournie par Sébastien Vaillant dans son *Discours* :

« Les Ovaires, que Malpighi nomme Matrices, et que l'auteur des *Institutions de Botanique [La Méthode en Botanique]* et ses Partisans appellent à tort et à travers, tantôt pistils et tantôt calices, sont les organes féminins des plantes. L'usage en est trop connu pour m'y arrêter, et leurs figures trop diverses pour en faire ici la description. Il suffira de dire que les semences, qui sont de véritables œufs, s'y nourrissent jusqu'à leur parfaite maturité et de vous avertir que je divise ces organes en *panse* et en *cou*, ou si l'on veut en *corps* et en *trompes* » (p. 14).

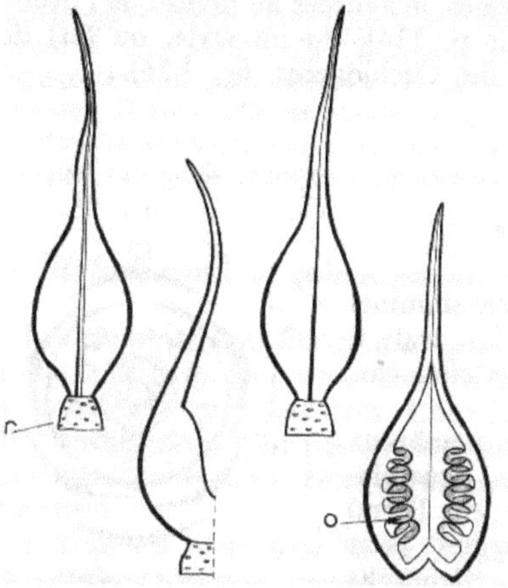

Figure 20 – Carpelle d'Hellébore (Renonculacée) : de gauche à droite, en vue dorsale (= abaxiale), de profil, en vue ventrale (=adaxiale) et ouvert. r : réceptacle floral ; o : ovule. (D'après R. Gorenflot, *opus cité*, 1992)

On peut regretter que Vaillant n'ait pas retenu le terme de « pistil » avancé par l'auteur de *La Méthode en Botanique*, c'est-à-dire Tournefort. Pour Sébastien Vaillant, « l'ovaire » contient les œufs ou semences (qui formeront les plantes résultant de la reproduction) comme chez les animaux les œufs forment les descendants. En vérité, les organes que Vaillant nomme *œufs* correspondent aux *ovules* de la Botanique moderne. Cependant, lorsque Vaillant divise l'ovaire en *panse* et en *cou* (ou en *corps* et en *trompes*), il se rapproche des descriptions modernes du pistil des fleurs, puisque le terme d'*ovaire* est aujourd'hui réservé à la partie inférieure (pansue) de chaque carpelle et que le style du pistil se compare effectivement à un « cou », conduisant les grains de pollen des stigmates aux ovaires (s'il y a plusieurs carpelles soudés dans le pistil). La partie inférieure renflée de chaque carpelle contient les ovules qui donneront les embryons après la double-fécondation des cellules du « sac embryonnaire » (voir plus loin, p.121).

Vaillant précise ensuite la position de l'ovaire par rapport aux autres pièces florales. Sans employer les termes botaniques modernes d'*ovaire supère*, c'est-à-dire placé *au-*

dessus du plan d'insertion des pétales, sépales et étamines sur le réceptacle, et *d'ovaire infère*, c'est-à-dire placé *au-dessous* du plan d'insertion des pièces florales, il évoque de façon assez vague ces deux situations.

« Le *corps* ou la *panse*, qui est la partie inférieure de l'ovaire, bien loin d'être toujours renfermée dans la fleur, comme par exemple dans les plantes Crucifères, n'en est souvent que le support, comme dans les Pomifères [...]. Au lieu que les trompes [les stigmates] qui la couronnent et la terminent, en quelque endroit qu'elle [=la panse] soit placée, ne manquent jamais d'être contenues dans la fleur. Preuve évidente que la fleur [les enveloppes florales externes, comme définies ci-dessus à la p.4 du *Discours*] est uniquement faite pour la conservation des organes tant de l'un que de l'autre sexe, et nullement pour la préparation des sucs qui doivent servir de première nourriture à l'embryon du fruit, qui n'en tire que de son support ou pédicule [=pédoncule] qui est aussi celui de toute la masse de la fleur » (p. 14).

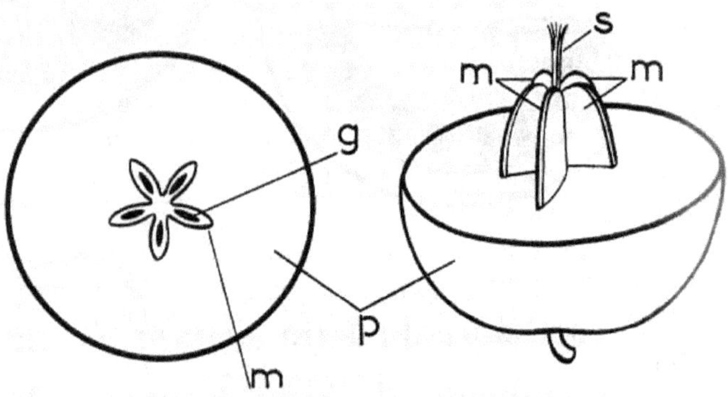

Figure 21 – Pomme, fruit associant le réceptacle creux et l'ovaire infère adhérant au réceptacle.

L'ovaire est composé de cinq carpelles (m) soudés à une paroi charnue (p) et contenant chacun un noyau parcheminé à deux graines (g). s représente les styles des carpelles soudés. (D'après M. Chadefaud et V. Régnier, *Observations et exercices de botanique et biologie végétale*, Delagrave, Paris, 1957, 278 pages.)

Effectivement, la pomme (figure 21) est un fruit dont la chair du péricarpe résulte de la fusion de la paroi du réceptacle floral en vase creux auquel adhèrent les parois de l'ovaire infère. D'autres exemples, concernant d'autres familles de plantes, cités par Vaillant sont beaucoup moins convaincants.

Puis l'auteur s'attache à la description des parties supérieures du pistil que les botanistes modernes ont appelées « stigmates » mais que lui-même nomme « trompes », comme Malpighi.

IV. <u>Sur le rôle fécondant du pollen</u>

À propos du rôle des stigmates (assimilés aux trompes de Fallope des utérus des Mammifères), Sébastien Vaillant ouvre, dans son *Discours*, un débat très important sur le rôle fécondant des mâles dans la reproduction sexuée. Il reprend entièrement à son compte les opinions d'Aristote : lors de la fécondation des femelles, le mâle ne transmet, selon ses vues, aucune matière pouvant se joindre à « l'œuf » engendré par la femelle ; il ne lui injecte qu'un « souffle vital » qui active l'œuf et le fait se transformer en embryon. Vaillant réfute donc « l'animalculisme », la théorie avancée par Leeuwenhoek, qui avait découvert (avec Hartsoeker), en 1678, les spermatozoïdes dans le sperme de l'homme et qui avançait l'idée que ces spermatozoïdes contenaient chacun un petit homme en réduction (un « homonculus ») qui se développerait dans l'utérus de la femelle après la fécondation[53]. Cette théorie de *l'animalculisme* s'inscrit dans un courant de pensée « préformationniste », considérant que le futur embryon d'un animal est entièrement « préformé » et contenu tout entier dans le spermatozoïde. Se nourrissant des matières nutritives, apportées dans l'utérus par la femelle, l'embryon grandirait en se déployant dans l'espace.

La pensée préformationniste aux XVIIe et XVIIIe siècles aura une autre version, de type *oviste* : pour nombre de préformationnistes, c'est « l'œuf » produit par la femelle qui

---

[53] Voir P. Mazliak, *La biologie au Siècle des Lumières*, 2e édition, Vuibert/Adapt, Paris, 2013, 492 pages.

contiendra à l'état très réduit le futur embryon. D'ores et déjà, on voit que Sébastien Vaillant, en rejetant nettement le passage des grains de pollen à travers le style du pistil, en n'évoquant que le passage d'un « souffle vital » vers les « œufs contenus dans la panse de l'ovaire », se range plutôt vers un préformationnisme de type *oviste*, supposant l'organisation des embryons minuscules à l'intérieur des œufs femelles. Ces embryons minuscules seraient activés et incités à se développer (c'est-à-dire pour lui, à se « déployer » et grandir) par le « souffle vital » fourni par le mâle et emporté par les grains de pollen. Voici comment ces idées sont exprimées dans le *Discours*.

« Ces trompes, dis-je, que je compare à celles de Fallope, en ce qu'elles transmettent aux petits œufs, non pas les grains de poussière même qu'éjaculent sur elles, ou dans leurs pavillons, les testicules ou *sommets* [=les anthères des étamines], comme le veut un Sectateur des visions de Leeuwenhoek et d'Hartsoeker, mais seulement la vapeur, ou l'esprit volatil, qui, se dégageant des grains de poussière, va féconder les œufs. Car je crois, Messieurs, qu'on doit être persuadé que dans l'animal, ce n'est ni la matière du mâle, ni ces prétendus vermisseaux ou animaux séminaires [=les spermatozoïdes], qui opèrent dans la femelle l'œuvre de fécondation [...]. Or la nature agissant toujours par des Lois uniformes, on doit conclure que ce qui se passe en cette occasion dans les animaux, se doit passer de même dans les Végétaux » (p. 16).

Et Vaillant termine sur ce point en déclarant que même dans le pistil de Potiron, particulièrement gros, on ne peut trouver aucun conduit creux dans le style conduisant des stigmates à l'ovaire.

« Suivant ce principe, il était fort inutile que ce zélé Leeuwenhoeckiste [il s'agit du Sectateur des visions de Leeuwenhoeck, cité p. 16] se fatiguât tant les yeux à chercher dans les trompes des pistils des plantes des conduits sensibles pour charrier dans chaque œuf un germe imaginaire et qu'il assurât, contre la vérité, que *pour peu qu'on veuille bien se donner la peine d'ouvrir les pistils [...], on reconnaîtra très distinctement qu'ils sont toujours ouverts à leur extrémité, et percés plus ou moins sensiblement jusqu'à leurs bases.*[…]

« Qu'on examine un peu les trompes du Potiron, qui par leur énorme grosseur devraient le mieux cadrer avec son idée [l'animalculisme de Leeuwenhoek], et l'on verra si elles sont véritablement telles qu'il les dépeint, ou si au contraire, on ne les trouve pas exactement bouchées à leur extrémité, et remplies dans leur longueur, de même que la panse de l'ovaire, d'une substance pulpeuse et succulente, qui ne saurait, sans de très grandes difficultés, permettre au moindre grain de poussière de se glisser dans l'ovaire » (p. 18).

D'ailleurs, ajoute Vaillant, si des grains de pollen arrivaient par extraordinaire à descendre dans l'ovaire, ils ne pourraient pas pénétrer à l'intérieur des œufs [= semences].

« Car alors, il faudrait qu'il arrivât nécessairement de deux choses l'une : ou que ces grains cassassent la coque des œufs pour se pouvoir nicher dessous, ou que prenant une route plus longue, ils se coulassent entre ces œufs, qu'ils perçassent le *placenta* pour l'enfiler et de là passer dans les œufs. Ces routes paraissent-elles naturelles et bien praticables ? » (p. 20)

Par contre, dit Vaillant, un « souffle vital », issu des grains de pollen, pourrait sans difficultés franchir tous les tissus des stigmates à l'ovaire et pénétrer à l'intérieur des « œufs » pour les féconder.

Autre argument, avancé par Vaillant contre la pénétration des grains de pollen dans le pistil : la « poussière des grains de pollen » rejetée par les étamines et recueillie par les stigmates est souvent colorée en jaune intense. Que l'on ouvre avec un scalpel les ovaires des fleurs portant ces étamines : on constatera que les « œufs » restent toujours blancs. Pour Vaillant, ceci est une preuve que les grains de pollen n'entrent pas en contact avec les « œufs » [=ovules].

La botanique moderne a balayé toutes ces objections de Vaillant, qui, par ailleurs, a le grand tort d'assimiler les ovules des plantes aux œufs de poule entourés d'une coquille.

V. Les différentes sortes de fleurs

L'auteur s'attache ensuite à décrire trois sortes de fleurs : les fleurs mâles, les fleurs femelles et les fleurs hermaphrodites. Ce sont ces trois types de fleurs qui permettront à Sébastien Vaillant de parler de la sexualité des plantes.

« Je reviens aux différents sexes des Plantes. Comme tout le monde sait qu'ils ne se trouvent pas toujours rassemblés dans une même fleur et qu'au contraire, l'un est souvent séparé de l'autre, tantôt sur le même individu, tantôt sur des pieds différents, j'ai cru à cette occasion devoir établir trois sortes de fleurs : savoir des *Mâles*, des *Femelles* et des *Androgynes* ou *Hermaphrodites* » (p. 26).

Viennent ensuite les définitions précises de ces trois sortes de fleurs :

« Les fleurs Mâles, que les Botanistes modernes nomment *Stériles* ou *Fausses fleurs*, sont celles qui ne contiennent que les organes masculins dont j'ai parlé [les étamines].

Les Femelles, que ces mêmes botanistes appellent *Fleurs nouées* ou *Fleurs à fruit*, ne renferment que l'ovaire ou seulement les trompes qui, comme je l'ai déjà dit, sont les parties supérieures de cet organe femelle [aujourd'hui le pistil avec stigmates, style et ovaire].

Et les fleurs Androgynes ou Hermaphrodites auxquelles ils n'ont point donné de nom, sont enfin celles ou les deux sexes se trouvent conjointement [avec pistil et étamines] » (p. 26).

Dans son *Discours*, Sébastien Vaillant ne va pas plus loin dans la description des mécanismes de reproduction des plantes à fleurs. Comme tous ses contemporains (même ceux, encore rares, qui utilisent le microscope) il ignore tout de la fusion des gamètes au cours de la fécondation et de la formation des graines.

La fin du *Discours* est entièrement consacrée à la description de la structure des trois types de fleurs précédemment définis en considérant les variations au niveau des pièces florales, sépales du calice et pétales de la corolle.

« Si le calice couronne l'Ovaire ou l'Embryon du fruit, ce qui est la même chose, il est hors de doute qu'il est d'une seule pièce [= gamosépale] et qu'il ne fait qu'un corps avec cet Embryon. [...]

On doit encore compter que le calice est d'une seule pièce, lorsque la fleur l'est aussi. Et on ne voit guère de calices à plusieurs pièces [dialysépalie] qu'aux plantes que j'ai déjà nommées qui sont les Crucifères, aux vraies espèces de Renoncules, au Pavot [...] et à quelques-unes dont l'ovaire s'ouvre en valise, c'est-à-dire d'un bout à l'autre et d'un seul côté, que cet ovaire soit simple ou composé. Et alors la couleur de leurs calices, qui jusqu'à présent, ont été pris pour leurs fleurs, est semblable à celle des pétales de ces mêmes fleurs [En botanique moderne, sépales et pétales sont dans ce cas des *tépales*]. C'est ce qu'on remarque dans l'*Aconitum,* le *Delphinium*, la *Nigella*, l'*Aquilegia*, etc.

Si l'on demande pourquoi toutes les fleurs n'ont point de calice, on répondra [...] que le Créateur, dont l'infinie sagesse éclate et se fait admirer jusque dans ses plus petits ouvrages, n'en a donné de bien marqué qu'à trois sortes de fleurs. 1°) À celles qui, pour être trop minces et trop délicates, comme au Pavot, au Ciste etc., n'auraient pu, sans cette espèce de surtout [= manteau], résister aux moindres injures du temps. 2°) À celles qui, pour avoir des pétales trop courts et trop étroits, auraient exposé à nu des organes analogues à ceux que la pudeur veut absolument que l'on cache, lesquels se seraient flétris et usés avant que de pouvoir servir. Telles sont les fleurs de l'*Elleborus niger*, de l'*Aconitum*, de la *Nigelle*, etc. 3°) Enfin il en a pourvu toutes celles dont la chute aurait indubitablement été suivie de la perte des Ovaires, qui pour se trouver composés et très faiblement attachés autour d'une espèce d'Axe, comme dans les Plantes Labiées, dans les Borraginées, dans une partie des Malvacées etc., se seraient détachés au moindre ébranlement, s'ils n'eussent été appuyés ou adossés d'un calice. Ou pour être d'une étoffe fort légère, comme au Geranium, à la Mauve, etc., auraient bientôt péri par trop de chaud ou de froid, sans l'abri de ce rempart, qui le plus souvent est double dans les plantes Malvacées » (p. 30).

On notera les raisonnements totalement finalistes déployés par Sébastien Vaillant, raisonnements qui ne seront effacés que beaucoup plus tard en biologie, par la sélection naturelle darwinienne.

D'assez longs développements du *Discours* insistent sur le rôle protecteur pour les organes génitaux des fleurs (étamines et ovaires) joué par le calice et la corolle dans les fleurs monopétales [gamopétales] et polypétales [dialypétales]. Vaillant accorde une grande attention au nombre d'étamines dans les divers types de fleurs.

« Dans les fleurs Mâles, ainsi que dans les Hermaphrodites, le nombre de testicules ou étamines, n'est pas d'un petit secours pour débrouiller les monopétales des polypétales, les premières n'ayant communément qu'autant de testicules que de découpures : comme dans les fleurs des plantes Rubiacées, Borraginées etc. » (p. 32)

Vaillant énumère cependant un certain nombre d'exceptions à cette règle : la Véronique et le Jasmin (gamopétales) ont moins d'étamines que de découpures du calice ; un certain nombre d'autres fleurs gamopétales (*Erica, Acacia, Mimosa*, etc.) ont plus d'étamines que de découpures.

« Au lieu que le plus grand nombre de fleurs polypétales [dialypétales], tant celles qui portent sur l'ovaire [infère] que celles qui le renferment [à ovaire supère], qu'elles soient complètes ou incomplètes, ont plus de testicules que de pétales. La fleur de Balsamine, par exemple, a cinq testicules contre quatre pétales ; celle d'Hippocastanum, sept contre cinq, etc. […] » (p. 34)

« À l'égard des fleurs monopétales [=gamopétales] hermaphrodites, dépourvues de calice, j'en ai remarqué de quatre sortes par rapport au nombre de leurs testicules comparé à celui de leurs découpures [il ne peut donc s'agir que des découpures présentes sur l'ensemble des pétales soudés]. Dans la première sorte, on trouve moins de ceux-ci [d'étamines] et plus de celles-là [les découpures]. Dans la seconde, le nombre des uns et des autres est égal. Dans la troisième, on compte une fois plus de testicules que de découpures. Et dans la quatrième sorte, le nombre de ces organes masculins [comparé au nombre de découpures] est encore plus grand que dans la troisième sorte » (p. 34).

Vaillant donne ensuite des exemples de fleurs des quatre sortes présentées ci-dessus. Cette attention au nombre d'étamines présentes dans les différents types de fleurs sera reprise par Linné, qui fondera en partie son système de classification sexuelle des plantes à fleurs sur le nombre d'étamines. Linné citera avec éloge l'œuvre de Sébastien Vaillant.

Le *Discours sur la structure des fleurs* ne va pas plus loin dans l'étude de la sexualité des plantes ; on voit que cette étude est encore bien incomplète.

VI. La polémique Vaillant-Geoffroy

Pour terminer cette analyse du *Discours sur la structure des fleurs* de Sébastien Vaillant, il convient de signaler un paragraphe très polémique, rédigé par l'auteur pour se démarquer d'une publication, antérieure à la sienne, de Claude Joseph Geoffroy, dit Geoffroy le jeune (1685-1752). Ce botaniste, qui avait fait des études de pharmacie, avait ensuite suivi, comme Vaillant, les leçons de botanique de Tournefort au Jardin du Roi. En 1704-1705, Geoffroy avait exploré les provinces méridionales de la France pour observer les plantes de ces régions. Grâce au patronage de Tournefort, il fut élu à l'Académie Royale des Sciences en 1707, soit neuf ans avant Vaillant. Geoffroy présenta, en 1711, à l'Académie des Sciences, un Mémoire intitulé : *Observations sur la structure et l'usage des principales parties des fleurs*[54]. Dans son Mémoire, Geoffroy

[54] M. Geoffroy le jeune : Observations sur la structure et l'usage des principales parties des fleurs, *Mémoires de l'Académie Royale des Sciences*, 14 novembre 1711, p. 207-230.

affirme que les plantes sont sexuées, que les fleurs sont les organes de la reproduction, que les étamines donnant la poussière du pollen sont les organes mâles, que les pistils sont les organes femelles renfermant les graines et les fruits. Tout cela ressemble beaucoup au *Discours sur la structure des fleurs* de Sébastien Vaillant et ce dernier accusera Geoffroy de lui avoir volé ses idées sur la sexualité des plantes. C'est la raison pour laquelle Sébastien Vaillant écrit, à la page 26 de son propre *Discours*, ce paragraphe ironique et quelque peu désabusé :

« J'ai cru devoir établir trois sortes de fleurs : savoir des Mâles, des Femelles et des Androgynes ou Hermaphrodites, noms qu'un doux et officieux Écho[55] a bien voulu répéter (au moins les deux premiers) dans une Royale Assemblée, pour les transmettre par avance à la postérité ainsi que quelques autres particularités, qu'il n'a pas si fidèlement rapportées, quoiqu'on ne lui en eût pas fait plus de mystère, croyant bonnement qu'il n'appartenait qu'au Corbeau de la fable, de se parer des plumes du Geai. Mais à Dieu ne plaise que je veuille revendiquer ces particularités si défigurées et lui envier la moindre de toutes les jolies choses qu'il a butinées par ci par là, dans les auteurs, pour en grossir ces observations. On lui abandonne de bon cœur les unes et les autres pour s'en tenir à la pure nature, seul livre qu'il faut feuilleter pour n'être pas trompé et pour n'en imposer à personne » (p. 26).

Ces lignes laissent entendre que Sébastien Vaillant aurait développé ses idées sur la sexualité des plantes dans son enseignement de botanique au Jardin du Roi, peut-être une dizaine d'années avant la publication de son *Discours sur la structure des Fleurs*, en 1718.

---

[55] L'auteur des observations sur la structure et l'usage des principales parties des fleurs (Note de Sébastien Vaillant).

Chapitre 4

Le rôle des insectes dans la pollinisation des fleurs

Les connaissances sur la sexualité des plantes ont évidemment énormément progressé depuis le XVIIIe siècle, grâce en premier lieu à l'utilisation par les chercheurs de nouveaux instruments d'observation, à commencer par les microscopes de plus en plus perfectionnés[56] ; également, grâce aux apports complémentaires de diverses disciplines biologiques (biochimie et génétique, principalement) ; grâce enfin à la formulation de nouvelles théories accompagnant les progrès de l'expérimentation. Nous résumons, dans les chapitres suivants, les principaux progrès des connaissances sur la sexualité des plantes, à peu près tels qu'ils apparurent historiquement, du milieu du XVIIIe siècle jusqu'à l'époque contemporaine.

I Travaux des botanistes du XVIIIe siècle

Le transport des grains de pollen, des étamines vers les stigmates des pistils des fleurs de la même espèce --- ce qu'on nomme habituellement la pollinisation des fleurs, précédant la formation des graines et des fruits --- peut être réalisé par le vent ou par les insectes. Le rôle des insectes dans la pollinisation des fleurs semble avoir été totalement ignoré par Sébastien Vaillant.

On attribue à Joseph Gottlieb Kölreuter (1733-1806), professeur de botanique à Karlsruhe, les premières observations sur la pollinisation des fleurs par les insectes. Il déclare en effet dans un de ses écrits :

« Les insectes jouent un rôle considérable dans la fécondation des plantes où il n'y a pas pollinisation par contact direct ; et des expériences nouvelles sont même venues prouver qu'il n'y a pas de restrictions à cet égard, et que la possibilité de la fécondation directe [entre les étamines et le pistil d'une même fleur hermaphrodite] n'exclut pas l'intervention des insectes. Ils contribuent dans une forte mesure au transport du pollen d'une

[56] Voir J. Vallade, *L'œil de lynx des microscopistes*, Éditions universitaires de Dijon, Dijon,2008, 337 pages.

fleur à l'autre et par conséquent à la fécondation qu'ils facilitent extrêmement ; et ceci s'applique à la plupart des plantes, sinon à toutes, car toutes les fleurs que nous connaissons attirent les insectes, et on découvrirait difficilement une fleur autour de laquelle il n'y a pas une quantité d'insectes. »[57]

Kölreuter établit ainsi que c'est le nectar sucré secrété par les glandes nectarifères des pétales qui attire les insectes transporteurs de pollen.

Kölreuter était par ailleurs partisan de la nécessaire intervention des deux sexes dans l'édification de l'embryon. Il pensait qu'une « substance pollinique » se mêlait obligatoirement à une « substance stigmatique » pour former la graine. Ceci le conduisit à faire de nombreuses expériences sur l'hybridation des végétaux ; nous reprendrons ce sujet plus loin, à propos de l'apport des généticiens sur la sexualité des végétaux.

Le principal continuateur de Kölreuter sur la question de la pollinisation des fleurs par les insectes fut Christian Konrad Sprengel (1750-1816). Cet ecclésiastique défroqué publia en 1793 ses idées très originales dans un ouvrage intitulé : *Le secret de la Nature dévoilé dans la structure et la fructification des fleurs*[58]. Lors de sa parution, l'ouvrage fut reçu avec une certaine indifférence, mais soixante ans plus tard, Darwin en reprit les principales idées dans son étude de la fécondation des orchidées par les insectes[59]. L'ouvrage de Sprengel est analysé dans *Le monde végétal* de Gaston Bonnier.[60] Voici ce qu'écrit à ce sujet ce botaniste, dans son ouvrage de 1907 :

---

[57] Cité par J. Sachs in *Histoire de la botanique du XVIe siècle à 1860*, Reinwald et Cie éditeurs, Paris, 1892, 584 pages.

[58] C. C. Sprengel, *Das entdekte Geheimnis der Natur im Bau und in der Befruchtung der Blumen*, F. Vieweg, Berlin, 1793, 443 pages et 25 planches (ouvrage numérisé sur le site *Biodiversity Heritage Library*).

[59] C. Darwin, *De la fécondation des orchidées par les insectes et résultats du croisement*, C. Reinwald, Paris, 1870, 352 pages (ouvrage numérisé sur le site *Gallica* de la BNF).

[60] G. Bonnier, *Le monde végétal*, Flammarion, Paris, 1907, 391 pages.

« Considérant chaque fleur en particulier, Sprengel eut cette idée extraordinaire qu'une fleur d'une espèce déterminée avait été modelée par le Créateur, de façon à présenter exactement le moulage du corps d'une espèce d'insecte également déterminée. La fleur de sauge des prés, par exemple, serait le moulage du bourdon terrestre [...] ; la fleur de Sainfoin serait le moulage d'une abeille, et ainsi de suite » (p. 13).

L'action du Créateur sera remplacée par Darwin par le concept de coévolution de la fleur et de son insecte pollinisateur.

Le raisonnement de Sprengel est très différent et peut se résumer ainsi : 1°) les graines résultant de la « pollinisation croisée » d'un pistil de fleur d'une certaine espèce par le pollen des étamines d'une autre fleur *de la même espèce*, sont de bien meilleure qualité (pour le développement de l'embryon puis de la plantule) que les graines résultant d'une *autofécondation* d'un pistil par les étamines qui l'entourent sur la même fleur. Selon Sprengel, le caractère hermaphrodite de la grande majorité des fleurs résulterait d'une « erreur » du Créateur, et c'est pour réparer cette erreur qu'auraient été créés les insectes pollinisateurs. 2°) Ce serait donc dans le but d'attirer les insectes pollinisateurs que les fleurs hermaphrodites secréteraient, sur leurs pétales, les liquides sucrés formant le nectar dont les insectes sont friands.

Cette pollinisation croisée due aux insectes entraînerait l'adaptation réciproque des fleurs et des insectes, et même l'adaptation étroite d'une fleur particulière à un insecte particulier. Ainsi les fleurs gamopétales présentant une corolle sous la forme d'un long tube au fond duquel se trouvent les glandes nectarifères, attirent quasi-exclusivement les papillons qui déroulent une trompe très allongée pour aspirer le nectar. Pendant qu'ils se nourrissent ainsi, leur abdomen poilu frôle les étamines des fleurs et se couvre de pollen. Les papillons se dirigent ensuite vers d'autres fleurs ayant la même structure gamopétale, souvent de la même espèce que les premières visitées, et ainsi les insectes transportent les pollens des premières fleurs vers les pistils d'autres fleurs, réalisant inconsciemment la pollinisation croisée.

Par ce raisonnement et ces observations de Sprengel serait dévoilé, selon le titre de son ouvrage, le « secret de la Nature » expliquant la grande variété morphologique des fleurs et la variété complémentaire des insectes venant butiner leur nectar. Sprengel évoque même, dans son ouvrage, des mécanismes physiologiques plus subtils déployés par les fleurs pour aboutir à la pollinisation croisée. L'auteur détaille par exemple ce qui se produit lors de la floraison d'une Épilobe (*Epilobium angustifolium)*, une grande plante assez commune, présentant des grappes de fleurs mauves très voyantes.

« Cette fleur hermaphrodite, écrit Sprengel, est fécondée par les bourdons et les abeilles ; chacune des fleurs, prise isolément, ne peut être fécondée par son propre pollen ; les fleurs les plus anciennes sont fécondées par le pollen que les insectes nommés plus haut vont puiser dans les fleurs dont la floraison est plus récente. »

Quelle différence y a-t-il entre fleurs anciennes et fleurs récentes ?

« Lorsque les anthères [des étamines] et les stigmates [des pistils] sont parvenus à l'époque de leur floraison, ils se trouvent successivement placés au même endroit de la fleur, et celle-ci est construite de telle façon que l'insecte désigné pour accomplir l'œuvre de la fécondation doit, afin d'atteindre le suc, toucher de son corps dans une fleur jeune les anthères ; dans une fleur plus âgée, le stigmate. Il enlève donc le pollen de l'une pour le transporter sur le stigmate de l'autre, et féconde la plus ancienne des deux fleurs au moyen du pollen de la plus jeune. »[61]

Cette particularité physiologique de la fleur d'Épilobe, qui voit le pistil arriver à maturité après les étamines est

---

[61] Cité par H.C.D. de Wit, *La vie racontée, une biographie de la biologie*, Presses polytechniques et universitaires romandes, Lausanne, 1996, 332 pages.

dénommée aujourd'hui *protandrie*. Lorsque les étamines mûrissent après le pistil, on parle aujourd'hui de *protogynie*. Sprengel a signalé cette propriété physiologique chez les Euphorbes. Ces mécanismes aboutissent forcément à une pollinisation croisée lorsque les insectes visitent les fleurs.

II La pollinisation par les insectes vue par les botanistes contemporains

Les botanistes contemporains considèrent que la pollinisation croisée, qu'elle soit anémophile (réalisée par le vent) ou entomophile (réalisée par les insectes), aboutit d'abord à la dissémination d'une espèce de plantes sur un territoire, celui-là même qui est parcouru par les insectes ou sur lequel souffle le vent. Par ailleurs, les généticiens contemporains montrent que le brassage des gènes, dû à l'apport du pollen d'une plante sur le pistil d'une autre plante de la même espèce, est favorable au développement de la cellule-œuf (zygote) résultant de la fécondation et donnant la jeune plantule fille. Ceci s'observe notamment lorsqu'on compare le développement des plantules résultant de l'autofécondation du pistil d'une fleur par le pollen de la même fleur avec le développement des plantules résultant de la fécondation croisée.

Un lien vital unit la fleur à pollinisation entomophile et l'insecte pollinisateur qui se nourrit du nectar produit par la fleur. Ceci est vrai pour les abeilles, les mouches, les papillons et les fleurs que ces insectes visitent régulièrement : fleurs de trèfle, de robinier, d'églantine, etc. Les rapports entre la fleur et l'insecte pollinisateur sont souvent si étroits qu'il peut y avoir coévolution. Par exemple une espèce d'orchidée (*Ophrys apifera*) différencie un pétale dont la forme, la couleur et la pilosité attirent les bourdons en quête de copulation : passant de fausse abeille en fausse abeille, les bourdons effectuent la fécondation, non pas des abeilles mais des orchidées ! Plus simplement, les abeilles ouvrières à la recherche du nectar pour fabriquer du miel, peuvent aussi réaliser la pollinisation croisée de l'orchidée *Orchis maculata* (Figure 22).

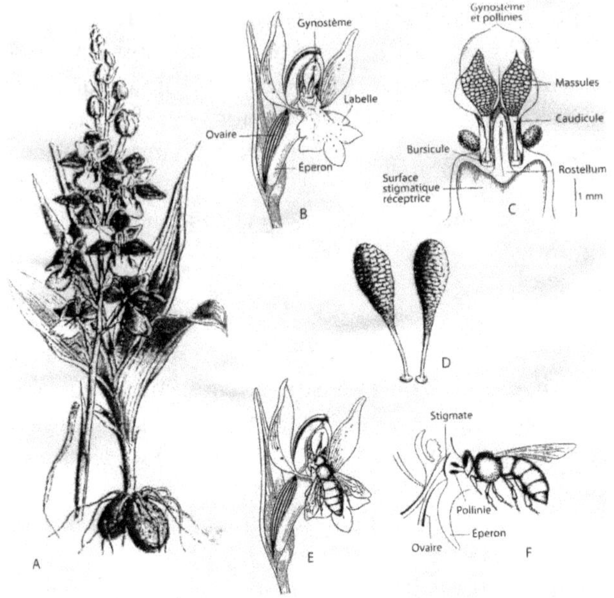

Figure 22 -Pollinisation des orchidées par les abeilles.

A : grappe fleurie d'une orchidée porte-abeille présentant à sa base des bulbes formés par des racines soudées (la plante est vivace et bisannuelle) ; B : fleur irrégulière de l'orchidée. L'une des pièces du périanthe, formée de deux pétales soudés, nommée *labelle*, s'étale en avant de la fleur pour recevoir l'abeille pollinisatrice et possède un *éperon*, sorte de puits assez profond rempli de nectar. Les abeilles prélèvent ce nectar concentré en sucre à plus de 50% : les ouvrières en font du miel. C : l'étamine unique (*gymnostème*), présente au sommet du pistil, forme une anthère à deux loges soudées. Le pollen n'est pas libre en poussière mais forme une gelée de grains. Au moment où l'anthère ouvre ses loges, le pollen forme deux sortes de petites massues à bases adhésives, les *pollinies* (D). E : mécanisme de la pollinisation *d'Orchis maculata*. L'abeille pollinisatrice se pose sur le labelle, pompe le nectar de l'éperon, heurte le haut du pistil (*rostellum*) et accroche les pollinies sur sa tête (F). En volant vers d'autres plantes, l'abeille réalise la pollinisation croisée. (D'après L. Mangin, *Cours élémentaire de Botanique*, Hachette, Paris, 1899, 382 pages et *Dictionnaire de Botanique*, Albin Michel, Paris, 1999, 1511 pages.)

Dans le cadre de la pollinisation entomophile, les insectes sont attirés par la couleur des fleurs et la brillance des pétales (cas du bouton d'or). Pourtant le spectre de la lumière « vue » par une abeille est bien différent du nôtre et les rayons UV réfléchis par les fleurs jouent un très grand rôle dans l'attirance des insectes : c'est le cas par exemple du coquelicot qui attire plus les abeilles par les UV réfléchis par ses pétales que par leur couleur rouge. Les fleurs pollinisées par les Hyménoptères (insectes de la famille des abeilles) sont généralement bleues ou jaunes, pas rouges : c'est le cas des orchidées, des lys, des populages des marais, etc. L'odeur des fleurs attire également les insectes. Les coléoptères (scarabées, bousiers, coccinelles) qui possèdent un odorat très développé, pollinisent habituellement des fleurs de couleurs ternes mais très odorantes : magnolia, pavot, églantier, sureau, etc.

Autres types de pollinisation croisée

Les oiseaux (colibris) et certaines chauves-souris tropicales peuvent avoir également un rôle pollinisateur (pour le baobab, par exemple). La plupart des fleurs pollinisées par les oiseaux sont brillamment colorées en rouge ou en jaune : fuchsia, eucalyptus, hibiscus, etc. ; celles pollinisées par les chauves-souris ont généralement un nectar abondant : fleurs de manguier, de bananier, du sisal, etc.

La pollinisation anémophile se réalise sur des fleurs plutôt discrètes sur les plans de la taille, de la coloration et de la structure : fleurs apétales ou à périanthe réduit, inflorescences souvent en chatons monosexués, ovaire souvent uniloculaire, uniovulé à stigmates collecteurs des grains de pollen souvent très développés (c'est le cas du marronnier, du chêne, du noyer, etc.). Les grains de pollen dans ces espèces sont souvent très petits et la quantité de pollen dans les espèces à pollinisation anémophile semble plus élevée que dans les espèces à pollinisation entomophile. Le hasard qui préside à la pollinisation par le vent est responsable d'un énorme gaspillage de cellules reproductrices.

Certaines fleurs à pollinisation entomophile en début de floraison deviennent ensuite tributaires d'une pollinisation anémophile : c'est le cas de la callune (sorte de bruyère) ou des cyclamens.

Chapitre 5

Les travaux de Charles Darwin (1809-1882)

La fécondation croisée des plantes hermaphrodites : une ébauche de sexualité ?

Charles Darwin est mondialement connu pour avoir formulé la théorie de l'Évolution des espèces par le moyen de la sélection naturelle[62]. Bien que son œuvre ait valeur universelle, son ouvrage majeur : *L'origine des espèces*[63] datant de 1859 traite majoritairement de l'évolution des espèces animales. Ainsi, Darwin commence son étude sur la variation spontanée au sein des espèces en soulignant les différences existant entre les races de chiens, de poules et de canards ou de pigeons ; il insiste sur les variations induites par la domestication des espèces sauvages.

I. Les oiseaux des îles Galápagos

C'est au cours du tour du monde qu'il fit de 1831 à 1836, comme naturaliste engagé à bord du voilier *The Beagle,* qu'il commença ses réflexions sur la théorie de l'Évolution. Le point culminant du voyage, pour les réflexions initiales de Darwin, fut certainement son séjour dans l'archipel des îles Galápagos, au large des côtes de l'Amérique du Sud. C'est dans ces îles qu'il découvre les adaptations multiples des oiseaux (notamment des pinsons), tous venus du continent sud-américain, mais présentant des caractères morphologiques différents (grosseur et forme du bec, couleur du plumage, etc.) sur chacune des îles de l'archipel. Ces faits conduisirent Darwin à faire l'hypothèse d'une « descendance avec modification » de toutes les espèces de pinsons issues d'un ancêtre commun sud-américain. Les descendants de cet ancêtre commun auraient migré successivement dans les différentes îles de l'archipel des Galápagos et dans chaque île, les descendants se seraient adaptés

---

62 Voir P. Mazliak, *Les fondements de la biologie. Le XIXe siècle de Darwin, Pasteur et Claude Bernard,* Vuibert/Adapt, Paris, 2002, 343 pages.

63 C. Darwin, *On the origin of species by means of natural selection, or the preservation of favoured races in the struggle for life,* J. Murray, Londres, 1859, 534 pages.

aux habitats, aux arbres et aux plantes locales produisant différents types de graines (certaines grosses et dures, d'autres plus molles), chaque type de graine exigeant un bec de forme différente pour être croquée par les oiseaux. Cette « descendance avec modification » des oiseaux des îles Galápagos est la première forme, encore fruste, de la théorie darwinienne de l'Évolution.

II. La théorie de l'Évolution

Les développements ultérieurs de la théorie, rassemblés par Darwin en 1859, dans son chef-d'œuvre : *L'origine des espèces*[64], concernent encore majoritairement les animaux. Les grands thèmes de l'ouvrage, énumérés par Darwin lui-même dans l'introduction, concernent : 1) les affinités mutuelles des êtres organisés (illustrés par l'anatomie comparée des animaux) ; 2) leurs rapports embryologiques (suivis sur le développement des fœtus animaux) ; 3) leur distribution géographique (dans ce chapitre, les plantes sont impliquées) ; 4) leur succession géologique (étudiée grâce aux fossiles des animaux, principalement). L'évolution des animaux s'explique par la sélection naturelle (par le milieu) des variants les mieux adaptés et les plus prolifiques ; les variants moins bien adaptés sont progressivement éliminés par « la lutte pour la vie » entre tous les êtres vivants. Ainsi se transforment les espèces au cours du temps. Une très bonne image de la variation au sein des espèces est donnée, comme nous l'avons déjà indiqué, par la sélection des animaux domestiques. Darwin avance aussi l'hypothèse d'un ancêtre commun à tous les animaux.

3. Hésitations de Darwin sur l'évolution des plantes

Darwin était loin d'être aussi avancé dans ses réflexions sur l'évolution des végétaux[65]. Par exemple, en 1879, vingt ans après la publication de *L'origine des espèces*, il écrit à son ami

---

64 Voir C. Darwin, *L'origine des espèces*, Flammarion, Paris, 1992, 604 pages.

65 Voir P. Mazliak, *L'évolution chez les Végétaux*, Vuibert/Adapt, Paris, 2009, 360 pages.

Figure 23- Charles Darwin jeune.

Joseph Hooker, directeur du Jardin botanique de Kew Gardens à Londres : « Le développement rapide, autant qu'on en puisse juger, des plantes supérieures au cours d'une période géologique récente est un abominable mystère[66]. »

En fait Darwin soulignait le fait que les Dicotylédones (aujourd'hui appelées *Magniolopsida*) s'étaient entièrement développées pendant la période du Crétacé, à la fin de l'ère secondaire, et que dans cette seule période géologique, ces plantes à fleurs (Angiospermes) étaient devenues la flore dominante sur Terre. Les Gymnospermes (Pins, Sapins, Conifères sans fleurs) étaient apparus bien avant, dès la période Carbonifère de l'ère primaire, mais le nombre des Conifères de l'époque contemporaine est bien plus réduit que celui des plantes à fleurs. La question de l'origine des plantes à fleurs est encore vivement débattue aujourd'hui et demeure non résolue, malgré les apports récents de la génétique moléculaire.

---

[66] R.J.A. Briggs, The origin of Darwin's "abominable mystery", *Am. J. Botany*, 108 (1), 22-36, 2021.

Malgré ces incertitudes sur l'évolution des végétaux, Darwin, qui possédait un jardin où il faisait de nombreuses plantations, s'est beaucoup occupé de la biologie des plantes, surtout à la fin de sa vie.

4. Les avantages de la fécondation croisée pour la reproduction des plantes

Darwin n'a jamais beaucoup discuté la question de la sexualité des plantes ; il n'a en fait abordé cette question que très indirectement au cours de ses recherches. Mais cet homme de génie a néanmoins introduit quelques idées très originales sur la reproduction des végétaux.

Certaines études de Darwin relèvent directement de la botanique descriptive ou de la physiologie végétale, et nous les signalerons sans les discuter : 1°) une étude de la fécondation des orchidées par les insectes[67], 2°) une étude des plantes insectivores[68], 3°) une étude sur les mouvements des plantes grimpantes[69], 4°) une étude sur la faculté motrice des plantes[70]. Toutes ces études présentent le plus grand intérêt pour les botanistes mais ne relèvent que très indirectement de la sexualité des plantes.

En revanche, une première étude générale, exposée dans un livre[71] publié en 1876, sur les effets de la fecondation croisée et de l'autofécondation dans le règne végétal, débouche sur une conception très nouvelle : *la comparaison entre les descendances obtenues par fécondation croisée ou par autofécondation des fleurs hermaphrodites d'une même espèce,*

---

[67] C. Darwin, *On the various contrivances by which British and foreign orchids are fertilised by insects,* J. Murray, Londres, 1862, 406pages.

[68] C. Darwin, *Insectivorous plants*, J. Murray, Londres, 1875, 462 pages.

[69] C. Darwin, On the movements and habits of climbing plants, *J. of the Linnean Society of London (Botany),* 118 pages, 1865

[70] C. Darwin, *The power of movements of plants*, J. Murray, Londres, 1880, 593 pages.

[71] C. Darwin, *The effects of cross and self fertilisation in the vegetable kingdom*, J. Murray, Londres, 1876, 482 pages.

suggère l'existence ***d'individus véritablement sexués*** *au sein de cette espèce, presque comme chez les animaux supérieurs* (« chez les quadrupèdes », dit Darwin).

« Bien que la majorité (plus de 70%) des plantes supérieures ait des fleurs hermaphrodites, nous dit Darwin, le plus grand nombre de ces plantes sont construites pour être accidentellement ou habituellement fécondées par croisement ou au moyen du pollen d'une autre fleur située sur un même pied ou plus généralement sur un pied distinct[72]. »

Cette *fécondation croisée* peut être assurée par au moins six situations différentes : 1°) par la séparation des sexes chez les plantes *dioïques*, 2°) par l'existence de fleurs mâles et femelle chez les plantes *monoïques*, 3°) par la non coïncidence entre la maturation du pollen et celle du pistil : de telles plantes sont nommées *dichogames* et sont divisées en deux sous-classes ; les plantes *protérandres* (les plus nombreuses) dans lesquelles le pollen mûrit le premier et les plantes *protérogynes* dans lesquelles le pistil est mûr avant le pollen. 4°) La fécondation croisée peut être aussi réalisée par l'*hétérostylie*, morphologie spéciale de la fleur prévenant la fécondation du pistil par son propre pollen ; nous reviendrons sur ce cas au paragraphe suivant parce que Darwin y a consacré un ouvrage entier. 5°) La fécondation croisée peut aussi être assurée par les insectes ou le vent. Darwin écrit :

« Les organes mâles et femelles de quelques fleurs sont irritables, et les insectes qui les touchent se saupoudrent de pollen dont le transport sur les autres fleurs est ainsi effectué. » (p.1)

6°) Il existe aussi quelques espèces qui sont partiellement ou totalement stériles pour leur propre pollen.

Quels sont les avantages procurés aux plantes par la fécondation croisée par rapport à l'autofécondation ? Darwin a

---

[72] Introduction, p. 1, traduction de l'auteur.

effectué de nombreux semis dans son propre jardin[73], pendant trente-sept ans, nous dit-il, pour observer les résultats des deux types de fécondation. Ses expériences furent assez nombreuses pour qu'il puisse en tirer, sur un assez grand nombre espèces différentes, des résultats statistiques probants[74]. Voici, à titre d'exemples, deux des premiers tableaux de résultats publiés par Darwin, concernant un liseron, *Convolvulus major* (encore appelé *Ipomœa purpurea*).

TABLEAU VII. — *Sixième génération.*

Numéros des pots	Plantes croisées	Plantes autofécondées
	mètres	mètres
I.	2,32 2,27	1,27 1,62
II.	1,97 2,16 2,20	1,25 2,175 1,55
III.	2,187	1,613
Total.	13,125	9,48

Ici la hauteur moyenne des six plantes croisées est de 2,18 m et celle des six plantes autofécondées est de 1,58 m, c'est-à-dire comme 100 à 72.

73 Il est frappant de constater qu'exactement à la même époque, Gregor Mendel faisait lui aussi de nombreux semis dans le jardin du monastère de Brünn en Autriche. Mendel ébauchait ainsi les lois de la Génétique comme Darwin, de son côté, ébauchait les lois de la sexualité des plantes.

74 C. Darwin, *Des effets de la fécondation croisée et de la fécondation directe dans le règne végétal,* Traduction d'Édouard Haeckel, Reinwald, Paris, 1877, 496 pages.

TABLEAU XI. — *Dixième génération.*

Numéros des pots	Plantes croisées	Plantes autofécondées
	mètres	mètres
I.	2,309 2,362	1,181 0,868
II.	2,175 2,240 2,625	1,353 1,231 1,656
Total.	11,712	6,300

Les cinq plantes croisées ont en moyenne 2,33 m de haut et les cinq autofécondées seulement 1,256 m, ou comme 100 est à 54.

Les fécondations croisées artificielles et les autofécondations des plants ont été suivies par Darwin pendant dix générations (tableau page suivante).

Les trois tableaux montrent très clairement que les semis provenant de fleurs croisées donnent des plantes de hauteur supérieure à celle des plantes provenant de fleurs autofécondées. Et la différence de hauteur s'accentue au cours des générations successives.
Des fleurs de très nombreuses espèces (une cinquantaine) ont été ainsi soumises à l'expérimentation par Darwin et il conclut :

« Dans la majorité des espèces, les fleurs fécondées avec leur propre pollen donnent moins, et quelquefois beaucoup moins de graines que celles qui sont fécondées avec le pollen d'un autre individu ou d'une autre variété. Quelques fleurs autofécondées sont absolument stériles. » (p.478)

Laissons encore Darwin lui-même conclure sur l'ensemble de ses travaux :

Tableau XVII. — *Ipomœa purpurea. Résumé des mensurations des dix générations.*

Nombre des générations	Nombre des plants croisés	Hauteur moyenne des plants croisés	Nombre des plants autofécondés	Hauteur moyenne des plants autofécondés	Proportion entre les hauteurs moyennes des plants croisés et autofécondés
1re génération... (Tableau I.)	6	2m,05	6	1m,64	comme 100 est à 76
2e génération... (Tableau II.)	6	2,10	6	1,66	— 100 — 79
3e génération... (Tableau III.)	6	1,93	6	1,32	— 100 — 68
4e génération... (Tableau V.)	7	1,74	7	1,50	— 100 — 86
5e génération... (Tableau VI.)	6	2,06	6	1,56	— 100 — 75
6e génération... (Tableau VII.)	6	2,18	6	1,58	— 100 — 72
7e génération... (Tableau VIII.)	9	2,09	9	1,70	— 100 — 81
8e génération... (Tableau IX.)	8	2,83	8	2,41	— 100 — 85
9e génération... (Tableau X.)	14	2,03	14	1,60	— 100 — 79
10e génération.. (Tableau XI.)	5	2,34	5	1,26	— 100 — 54
Toutes les générations ensemble......	73	2,14	73	1,65	— 100 — 77

« La première et la plus importante des conclusions à tirer des observations consignées dans ce livre est que la fécondation croisée reste généralement avantageuse et l'autofécondation préjudiciable. Cette proposition se trouve démontrée par la différence en hauteur, en poids, en vigueur constitutionnelle et en fécondité, entre la descendance des fleurs soit croisées soit autofécondées, comme par le nombre de semences que produisent les plantes à chaque génération. » (p. 447)

Cette conclusion nette sur la supériorité de la fécondation croisée sur l'autofécondation sera ensuite développée par Darwin dans un ouvrage de 1877, rédigé peu de temps avant sa mort, et traitant de l'hétérostylie de certaines plantes.

5. La fécondation croisée des fleurs liée à l'hétérostylie[75]

Dans la préface de l'édition française du livre de Darwin (figure 24), le professeur Coutance écrit :

« L'histoire des plantes hétérostylées constitue le plus curieux chapitre des mœurs végétales qui se puisse concevoir. [...] Ici, un cercle d'étamines de petite taille est dominé par l'organe qui renferme les germes qu'elles semblent appelées à féconder ; ailleurs ce sont les mâles qui surpassent d'humbles gynécées. [...] Les oppositions les plus radicales, les antipathies les plus profondes habitent ces corolles paisibles. Ces étamines et ces pistils, ainsi rapprochés les uns des autres dans une intimité qui semblait légitimée par les apparences [...] sont étrangers les uns aux autres, en dépit, ou mieux à cause de leur intimité. » (p. XIX)

Cette présentation poétique évoque un fait biologique que Darwin définit et expose longuement dans son ouvrage : *l'hétérostylie.*

Le premier exemple de fleur hétérostyle choisi par Darwin est la fleur de *Primula veris* var. *officinalis*, Lin. appelée couramment Primevère. Cette fleur existe sous deux formes, appelées scientifiquement « morphes », qui diffèrent l'une de l'autre par la longueur de leurs pistils et de leurs étamines (figure 25). C'est le phénomène de l'hétérostylie : « le pistil dans la forme à long style, écrit Darwin, est presqu'exactement deux fois aussi long que dans les formes à court style. » (p. 15) Les espèces à fleurs hétérostylées des deux types sont regroupées par Darwin sous le nom de fleurs hétérostylées dimorphes.

---

[75] C. Darwin, *The different forms of flowers on plants of the same species*, J. Murray, Londres, 1877, 374 pages.

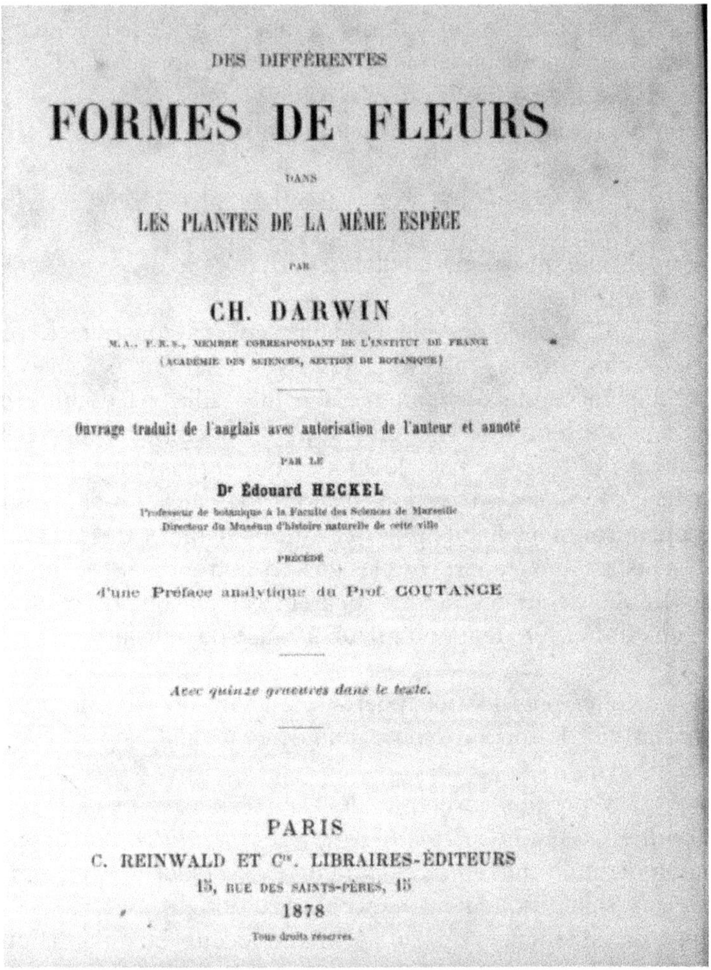

DES DIFFÉRENTES

FORMES DE FLEURS

DANS

LES PLANTES DE LA MÊME ESPÈCE

PAR

CH. DARWIN

M. A., F. R. S., MEMBRE CORRESPONDANT DE L'INSTITUT DE FRANCE
(ACADÉMIE DES SCIENCES, SECTION DE BOTANIQUE)

Ouvrage traduit de l'anglais avec autorisation de l'auteur et annoté

PAR LE

Dr Édouard HECKEL

Professeur de botanique à la Faculté des Sciences de Marseille
Directeur du Muséum d'histoire naturelle de cette ville

PRÉCÉDÉ

d'une Préface analytique du Prof. COUTANCE

Avec quinze gravures dans le texte.

PARIS
C. REINWALD ET Cie, LIBRAIRES-ÉDITEURS
15, RUE DES SAINTS-PÈRES, 15
1878

Tous droits réservés.

Figure 24 –
Page de titre de l'édition française du Livre de Darwin.

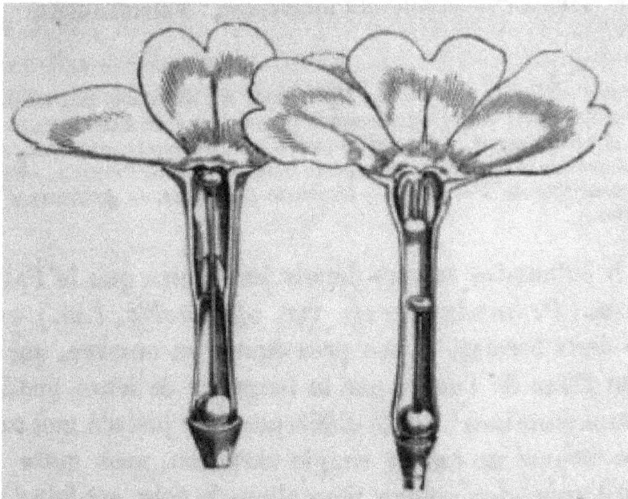

Figure 25 – Figure de Darwin montrant une fleur de Primevère à style long (dolichostylée) et une fleur à style court (brachystylée).

Voilà comment Darwin résume les différences biologiques entre les deux types de plantes :

« Pour résumer les différences, les plantes à long style ont : 1°) un pistil plus long muni d'un stigmate globulaire et plus rugueux placé bien au-dessus des anthères ; 2°) les étamines courtes, les grains de pollen plus petits et de forme oblongue ; 3°) la moitié supérieure du tube corollin plus ouverte ; 4°) le nombre des semences produites plus faible et des ovules plus grands ; 5°) enfin les plantes tendent vers une floraison plus précoce.

Les plantes à court style ont : 1°) un pistil raccourci, ayant une longueur égale à celle du tube de la corolle et mini d'un stigmate lisse et déprimé au-dessous des anthères ; 2°) les étamines longues, et les grains de pollen sphériques et en plus grand nombre que dans la forme précédente ; 3°) le tube de la corolle d'un diamètre uniforme, excepté à sa terminaison supérieure ; 4°) le nombre des semences produites est plus élevé. »(p.19)

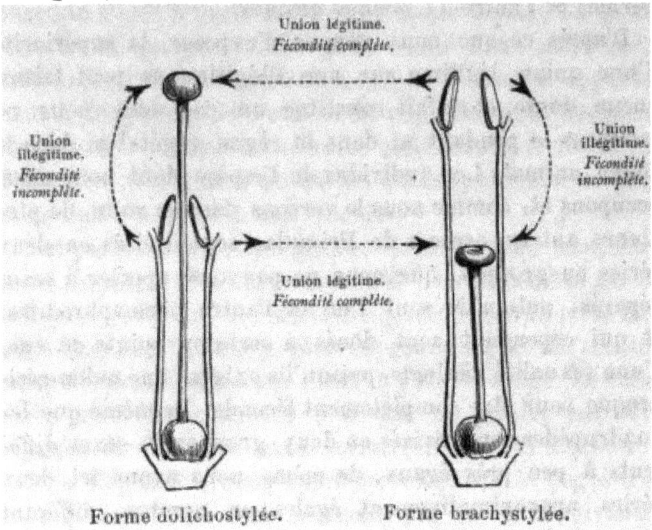

Figure 26 – Schéma de Darwin distinguant les unions légitimes et illégitimes chez la Primevère

Par de nombreuses expériences, Darwin montre ensuite que la fécondation croisée (ou « union légitime ») est réalisée par le pollen d'anthères de fleurs brachystylées avec le pistil de fleurs à long style ou *vice versa*. Les « unions illégitimes » sont les autofécondations des deux types de fleurs (figure 26).

Comme toujours la fécondation croisée est très positive pour le développement de l'espèce comme le montre le tableau suivant du livre de Darwin :

Nature des unions	Nombre des fleurs fécondées	Nombre des capsules	Nombre des bonnes capsules	Poids des semences en grammes	Nombre de capsules	Poids des semences en grammes	Nombre de bonnes capsules	Poids des semences en grammes
Les deux unions légitimes.	100	77	71	2,535	100	3,250	100	3,510
Les deux unions illégitimes.	100	45	31	0,715	100	1,560	100	2,275

Rendements comparés des unions légitimes ou illégitimes de *Primula veris*.

Bien d'autres plantes, citées par Darwin, appartenant à diverses espèces, sont hétérostylées dimorphes : *Primula elatior , Primula vilgaris, Primula sinensis, Hottonia palustris* (Primulacée aquatique), *Linum grandiflorum, Linum perenne, Pulmonaria officinalis, Pulmonaria angustifolia, Polygonum fagopyrum* (figure 27) etc.

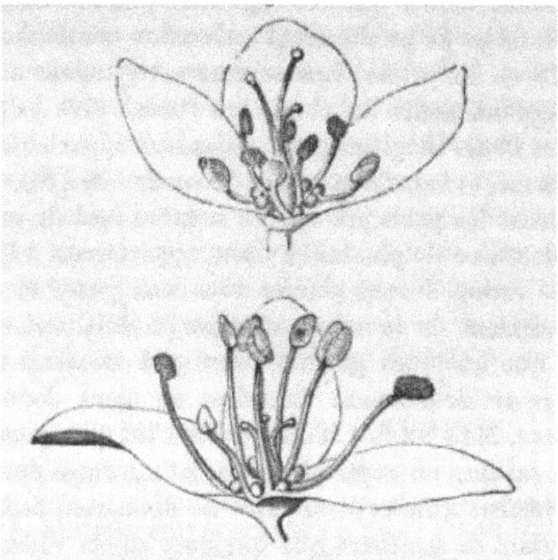

Figure 27 (*due à Darwin*) – Fleurs hétérostylées de Renouée, *Polygonum fagopyrum*, Lin. (Polygonacée)
En haut : forme dolichostylée ; *en bas* : forme brachystylée.

Darwin définit ensuite les fleurs hétérostylées trimorphes, comme par exemple, les fleurs de *Lythrum salicaria*, la salicaire commune, (figure 28). Des fleurs trimorphes ont été observées dans trois genres : *Lythrum, Oxalis et Pontederia.* Darwin en donne la définition suivante :

« Dans chaque forme, le pistil est différent de celui des deux autres, et dans chaque forme il existe deux séries d'étamines différant comme apparence et comme fonction. Mais une série staminale correspond dans chaque forme à une série semblable qui se trouve dans l'une des deux autres. [...] Les trois formes peuvent être convenablement désignées d'après les longueurs inégales de leurs pistils, sous les qualificatifs de dolichostylées [à long pistil], mésostylées [à pistil moyen], brachystylées [à pistil court]. » (p. 143)

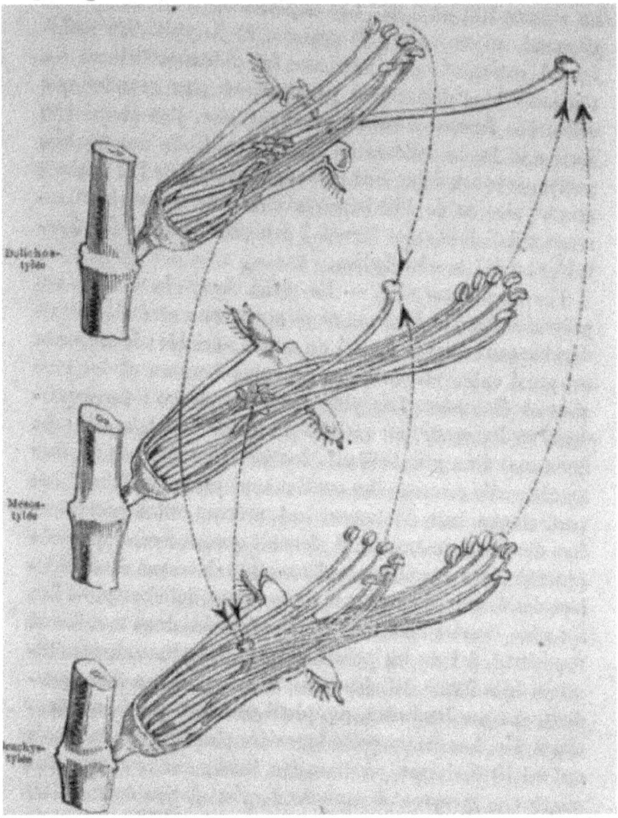

Figure 28 (due à Darwin) –
Les trois formes de la fleur trimorphe de *Lythrum* *salicaria*, artificiellement dépourvues de sépales et pétales antérieurs. Les lignes pointillées terminées par des flèches montrent les « unions légitimes ».

Il y a donc six types de fécondations ou « unions légitimes » entre ces fleurs (voir la figure 28). Comme l'indique le tableau suivant, tiré encore du livre de Darwin, les fécondations croisées (« unions légitimes ») sont bien plus productives que les « unions illégitimes » (autofécondations).

Nature des unions	Nombre des fleurs fécondées	Nombre des capsules produites	Nombre moyen de semences produites par capsule	Nombre moyen de semences par fleur fécondée
Les six unions légitimes. . . .	75	56	96,29	71,89
Les douze unions illégitimes. .	146	36	44,72	11,03

Tableau dû à Darwin illustrant la productivité des unions légitimes ou illégitimes de *Lythrum salicaria.*

Dans un dernier chapitre de son ouvrage, Darwin s'intéresse aux plantes *cléistogames* produisant deux sortes de fleurs, les unes ordinairement ouvertes et hermaphrodites, les autres fermées restant à l'état de bourgeon floral. Les plantes cleistogames sont souvent autofécondées mais certaines peuvent être sensibles à la fécondation croisée. Darwin en donne un tableau d'une cinquantaine d'espèces parmi lesquelles il y a des Dicotylédones (*Cuscuta, Lamium, Salvia, Campanula,* etc.) aussi bien que des Monocotylédones (*Juncus, Hordeum, Cattleya,* etc.)

6. Quelques considérations génétiques modernes sur l'hétérostylie : notion de supergène

Darwin proposait donc, en 1877, que le positionnement réciproque des anthères et des stigmates dans les plantes hétérostylées permettait de favoriser la fécondation croisée des fleurs par les insectes pollinisateurs. Le pollen d'un morphe (d'un type de fleur) se place en effet sur une partie du corps de l'insecte correspondant précisément à la zone qui entrera en contact avec le stigmate du pistil d'un autre morphe. Ce point a bien été confirmé par les études modernes[76].

[76] R. Dulberger, 1992, Floral polymorphisms and their functional significance in the heterostylous syndrome, *in* Barret S.C. ed., *Evolution and function of heterostyly*, Springer-Verlag, Berlin, pp. 41-84.

Au point de vue génétique, les « loci » chromosomiques contrôlant les incompatibilités (« unions illégitimes ») des espèces hétérostyliques sont étroitement liés aux loci contrôlant l'hétéromorphie, si bien qu'ils sont hérités ensemble comme un seul gène appelé *supergène*. C'est la généticienne Pamela Dowrick qui introduisit cette notion de supergène en 1956[77]. Dans l'espèce *Primula obconica*, le supergène S commande la différenciation en plantes brévistylées hétérozygotes (Ss) et longistylées homozygotes récessives (ss). Tout croisement « légitime » (au sens darwinien) Ss x ss donne donc forcément deux types de descendants : Ss (brévistylé) et ss (longistylé), dans les proportions 1 : 1 (loi de Mendel). Ce rapport entre les deux types de morphes est maintenu de génération en génération. Les propositions de Pamela Dowrick ont été confirmées par d'autres chercheurs, sur d'autres espèces[78].

Une hypothèse intéressante de Darwin

Dans les conclusions générales de son dernier ouvrage, Darwin avance une hypothèse intéressante : les ancêtres des plantes à fleurs hermaphrodites seraient des plantes dioïques, soit mâles, soit femelles. Les plantes à fleurs hermaphrodites résulteraient de la fusion de ces deux types de plantes sexuées et la fertilité beaucoup plus grande des fécondations croisées serait un « souvenir » de l'existence de ces deux ancêtres monosexués. Les plantes hermaphrodites pourraient d'ailleurs redonner, au cours de l'évolution, des plantes dioïques. Ces hypothèses sur l'origine et l'évolution des plantes à fleurs hermaphrodites ont été reprises récemment par Cécile Fruchard (voir ci-dessous, p.138).

---

[77] V.P.J. Dowrick, Heterostyly and homostyly in *Primula obconica*, *Heredity*, 10, 219-236, 1956.

[78] C.N. Huu, B. Keller, E. Conti, C. Kappel *et al.*, Supergene evolution via stepwise duplications and neofunctionalization of a floral identity gene, *Proc. National Acad. Sciences (U.S.),* September 15, 2020, 37, 23148-23157.

Chapitre 6

L'apport des microscopistes : la double fécondation chez les Angiospermes

Au XIXe siècle, les microscopistes établirent d'abord la « théorie cellulaire » des organismes vivants[79]. Grâce à leurs observations microscopiques, ils démontrèrent que tous les êtres vivants, animaux et végétaux, sont constitués de cellules (Schleiden et Schwann, vers 1839). Les bactéries sont des êtres unicellulaires très simples. Les recherches ultérieures des microscopistes examinèrent les différents constituants figurés présents à l'intérieur des cellules et s'attachèrent notamment au noyau cellulaire. Virchow, en 1858, établit que toute cellule naît d'une cellule préexistante, par suite de la division de cette cellule-mère. Au cours de la division cellulaire, la substance constituant le noyau s'organise en petits bâtonnets fixant certains colorants, ce qui les rend bien visibles sous le microscope : ce sont les *chromosomes* ; on établira au XXe siècle, que ces chromosomes sont constitués d'ADN (acide désoxyribonucléique) et de protéines.

I Le cycle de développement des plantes à fleurs

Le cycle de développement des plantes à fleurs est constitué par l'alternance de deux phases, l'une *diploïde,* caractérisée par la présence dans l'organisme de cellules présentant n *paires* de chromosomes semblables au moment de la division ; l'autre *haploïde*, caractérisée par la présence de cellules à n chromosomes isolés (non appariés), au moment de la division cellulaire (voir la comparaison mitose-méiose p.118 et figure 29 A). Les deux phases sont réunies par un œuf (ou *zygote* diploïde), naissant par fusion de deux *gamètes* (ou cellules reproductrices haploïdes). Du zygote naît, par de multiples divisions cellulaires ou *mitoses*, un embryon, puis un organisme

---

[79] Pour une présentation détaillée de la « théorie cellulaire », voir : P. Mazliak, *Les Fondements de la Biologie. Le XIXe siècle de Darwin, Pasteur et Claude Bernard,* Vuibert/Adapt, Paris, 2002, 343 pages.

végétal diploïde (appelé parfois *sporophyte*, parce que susceptible de disperser des fragments --- ou spores --- dans la nature). Les mitoses sont des « divisions équationnelles » qui n'altèrent pas le nombre des paires de chromosomes de la cellule-mère dans les cellules filles (voir ci-dessous la comparaison mitose (*colonne de gauche*)-méiose (*colonne de droite*)).

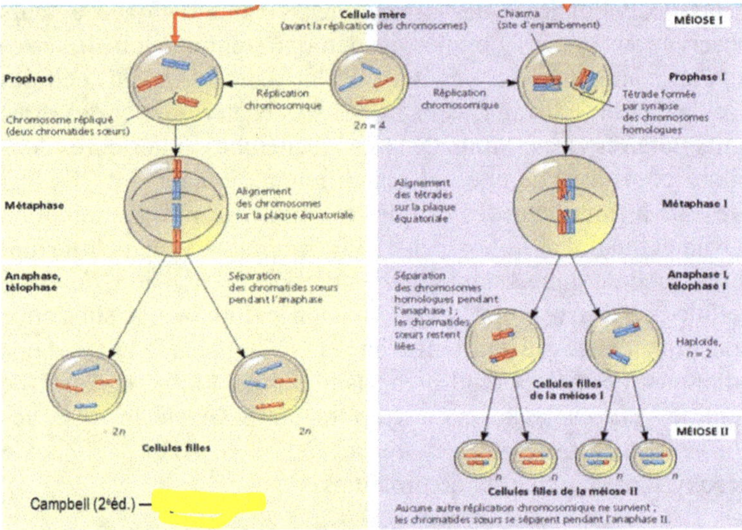

Comparaison mitose méiose. D'après Campbell (1987)

Après un certain temps de développement du végétal diploïde, survient dans cet organisme au moins une « division cellulaire réductionnelle » ou *méiose,* faisant apparaître une ou plusieurs (jusqu'à quatre cellules filles haploïdes, dépourvues de paires de chromosomes (chaque chromosome n'est présent qu'en un exemplaire unique). Il faut bien remarquer que toute réplication (ou duplication) des chromosomes se produit avant la division cellulaire, en fin d'interphase (entre deux divisions successives).

Le sporophyte a alors produit des *méiospores* haploïdes qui se développent en donnant de nouvelles formes végétales très petites et haploïdes : les *gamétophytes*. Dans les plantes à fleurs, comme nous le verrons ci-dessous, les gamétophytes sont réduits aux grains de pollen et au sac embryonnaire des ovules. Les gamétophytes mâles donnent naissance aux *anthérozoïdes* des tubes polliniques, nés de la germination des grains de pollen ;

les sacs embryonnaires des ovules engendrent les *oosphères*, gamètes femelles. Les gamètes mâle et femelle bouclent le cycle en fusionnant pour donner le zygote (figure 29).

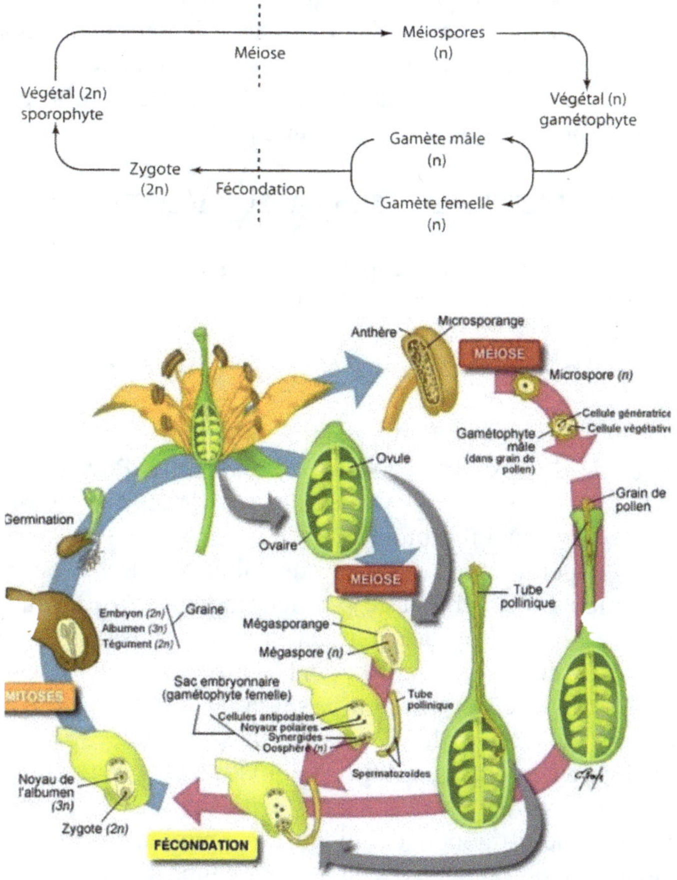

Figure 29 – En haut : Le cycle résumé de développement d'une plante à fleurs : alternance de la phase diploïde (2n) et de la phase haploïde (n).
En bas : Le cycle d'une angiosperme. La croissance de la graine est limitée à la germination ; elle peut donner une plante entière, un arbre par exemple. En rouge : gamétophytes mâle et femelle ; en bleu : sporophyte.

Chez les Angiospermes, les gamétophytes mâles et femelles se limitent à des parties très réduites des végétaux ; dans les plantes moins évoluées --- les mousses par exemple --- le gamétophyte représente la plante feuillée principale.

C'est Oscar Hertwig qui découvrit, vers 1875, le mécanisme de la formation de l'œuf par fusion des gamètes chez les animaux, en étudiant la reproduction des oursins en Corse[80]. Chez les Angiospermes, la fusion des gamètes n'a pas la simplicité observée dans le règne animal.

II La double fécondation chez les Angiospermes

Pour la clarté de l'exposé, nous distinguerons trois étapes dans la réalisation de cette double fécondation.

- *La germination du grain de pollen et la gamétogenèse mâle.*

La teneur en eau du grain de pollen est très faible et les cellules du grain de pollen sont en vie ralentie. Pour reprendre une activité, le pollen doit d'abord se réhydrater à la surface du stigmate sur lequel il est tombé.

La germination des grains de pollen, une fois déposés sur les stigmates, fut démontrée par deux botanistes, l'un italien : Amici, en 1822, sur le Pourpier, l'autre français : Adolphe Brongniart, en 1827, sur un grand nombre d'espèces (Datura, Œnothère, Hibiscus, etc.). Tombé sur la surface d'un stigmate, le grain de pollen s'hydrate, gonfle, puis par une aperture de l'enveloppe, émerge un tube pollinique de germination qui s'enfonce vers les ovules par la partie centrale du style du carpelle. Une attraction chimique (un chimiotactisme positif) guide le tube pollinique vers un ovule. Le tube pollinique, qui est le gamétophyte mâle d'une Angiosperme, contient deux anthérozoïdes haploïdes, dérivés d'une « cellule spermatogène » du grain de pollen qui a subi une méiose. Ces deux gamètes mâles interviendront dans la double fécondation (voir la figure 29 bas).

[80] Voir P. Mazliak, *Les fondements de la biologie*, opus cité, p. 72.

- *La gamétogenèse femelle et la formation du sac embryonnaire de l'ovule.*

Typiquement, le « sac embryonnaire » contenu dans l'ovule est un gamétophyte femelle à huit noyaux haploïdes, formés après la méiose (suivie d'une à trois mitoses) d'une cellule-mère (diploïde) du sac embryonnaire. La méiose de cette cellule-mère (*mégasporogenèse*) donne quatre mégaspores dont le plus souvent (70% des cas) une seule survit : c'est la **monosporie** (figure 30). La mégaspore survivante subit 3 mitoses (*mégagamétogenèse*) qui produisent les huit cellules haploïdes du sac embryonnaire : l'*oosphère* (au sommet du sac), véritable gamète femelle, entourée de deux cellules-compagnes appelées *synergides* ; deux noyaux haploïdes se trouvent au centre du sac embryonnaire et trois cellules --- les *antipodes* --- à l'extrémité opposée du sac embryonnaire. Lorsqu'il y a **bisporie**, les huit cellules ou noyau du sac embryonnaire dérivent par deux mitoses des deux mégaspores survivantes de la méiose initiale. Lorsqu'il y a **tétrasporie** (soit quatre mégaspores survivantes), une seule mitose suffit à produire les huit cellules ou noyaux haploïdes du sac embryonnaire. Toutes les cellules du sac embryonnaire autres que l'oosphère n'ont qu'un rôle nourricier dans la reproduction de la plante.

L'interprétation par les microscopistes de la structure complexe du gamétophyte femelle des Angiospermes n'a véritablement été établie qu'au milieu du XXe siècle (notamment par Favre-Duchartre[81], vers 1964).

- *La double fusion nucléaire lors de la double-fécondation des Angiospermes*

Il y a un peu plus d'un siècle, deux botanistes, l'un russe : Sergueï Navashin (vers 1898), l'autre français : Léon Guignard (en 1899), découvraient quasi-simultanément, sur deux fleurs de Liliacées (respectivement sur *Fritillaria* et sur le *Lilium martagon*) la double-fécondation du sac embryonnaire par le pollen des Angiospermes.

---

[81] M. Favre-Duchartre, *Des ovules aux graines*, Masson, Paris, 1970, 136 pages.

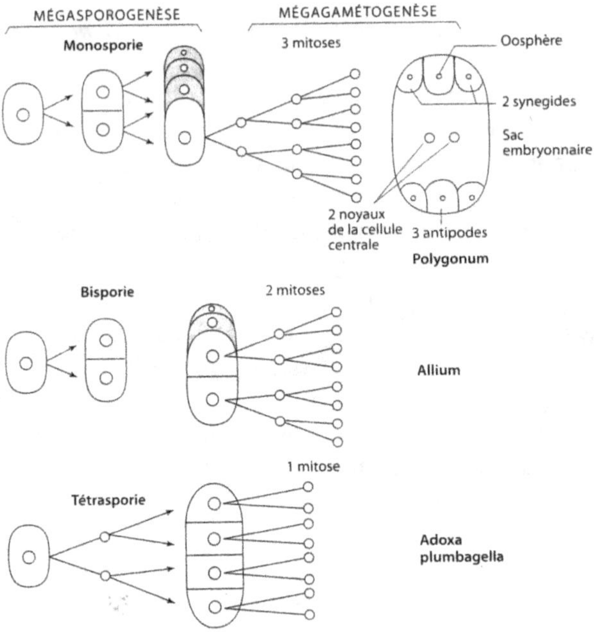

Figure 30 – Formation du sac embryonnaire à huit cellules ou noyaux (gamétophyte femelle) dans l'ovule des Angiospermes. Les trois cas de mégasporogenèse : mono-, bi- et tétrasporie se retrouvent dans les genres ou espèces cités à droite des schémas, à titre d'exemples. En grisé, les cellules qui dégénèrent.

Les deux anthérozoïdes contenus dans le tube pollinique sont guidés vers le sac embryonnaire sans jamais se retrouver libres dans le milieu (c'est la siphonogamie qui protège les gamètes mâles contre les agressions éventuelles du milieu). Chez les Angiospermes, les deux noyaux mâles interviennent dans une double-fécondation. Arrivée au contact du sac embryonnaire, la paroi du tube pollinique disparaît et les deux noyaux mâles sont déversés dans le sac. Une première fusion cellulaire se produit entre un anthérozoïde (pratiquement réduit à un noyau) et l'oosphère (gamète femelle), ce qui donne la *cellule-œuf* ou *zygote diploïde*. Une seconde fusion cellulaire se produit entre l'autre anthérozoïde et les deux noyaux de la cellule centrale du sac embryonnaire, qui ont souvent fusionné avant la rencontre. Cette seconde fusion nucléaire aboutit ainsi à la formation d'un noyau *triploïde,* contenant trois équipements chromosomiques : l'un d'origine mâle (venant de l'anthérozoïde) et deux d'origine femelle (venant du sac embryonnaire de l'ovule). La figure 31, tirée d'une publication de Léon Guignard, montre clairement la double fécondation en train de se réaliser dans le sac embryonnaire du Lis (*Lilium martagon*).

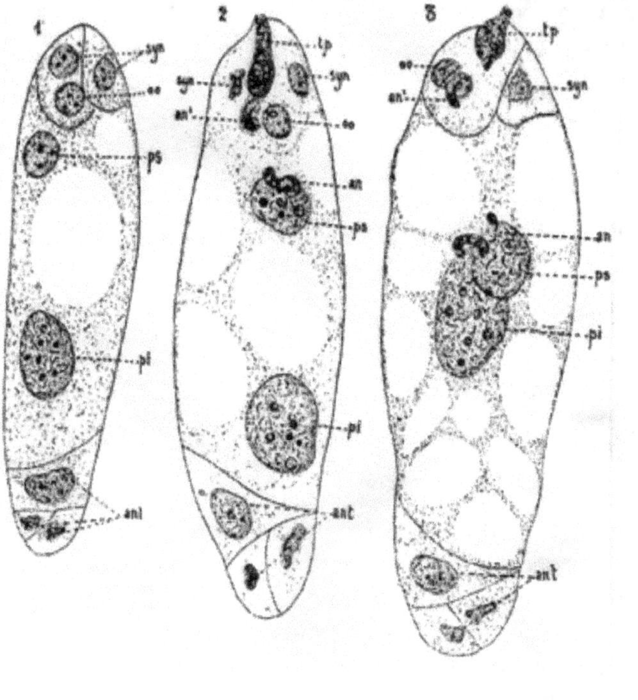

Figure 31 – Images cytologiques de la double fécondation dans le sac embryonnaire du *Lis Lilium martagon.* En 1 : sac embryonnaire à huit noyaux haploïdes avant la double-fécondation. En 2 : arrivée du tube pollinique (tp) et libération des deux anthérozoïdes (an) dans le sac. En 3 : l'un des anthérozoïdes fusionne avec l'oosphère (oo) et l'autre avec les deux noyaux haploïdes (pi, ps) du centre du sac embryonnaire qui ont fusionné. Syn=synergide, ant=antipode. (D'après L. Guignard, Sur les anthérozoïdes et la double fécondation sexuelle chez les végétaux Angiospermes, *Revue Générale de Botanique*, 1899, 129-135.)

Dans ce processus de double-fécondation, la question se pose de savoir si les deux anthérozoïdes du pollen sont équivalents. Dans la majorité des cas observés jusqu'à présent, on n'a relevé aucune différence entre les deux anthérozoïdes.

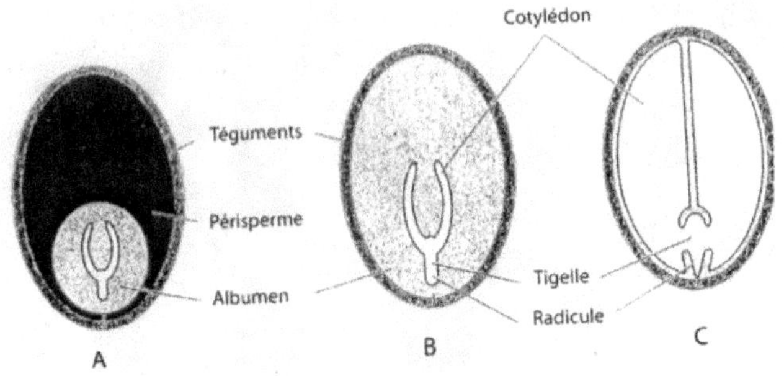

Figure 32 – Différents types de graines d'Angiospermes.
A : à périsperme ; B : albuminée ; C : ex-albuminée.

La graine et le fruit

Le zygote diploïde donnera la *plantule* de la génération suivante, présente dans la graine ; le noyau triploïde, en se multipliant, donnera parfois un tissu nourricier de la graine : *l'albumen*. Dès que la double fécondation est effectuée, la graine commence à s'édifier ; il faut noter que cette édification ne prend généralement que quelques jours ou quelques semaines au plus chez les Angiospermes alors qu'elle est très lente et peut prendre presque deux ans chez les Gymnospermes. La rapidité dans la différenciation de la graine contribue à soustraire cet organe aux aléas du milieu.

L'albumen triploïde est caractéristique des Angiospermes. Dans la plupart des espèces, l'albumen commence à se développer avant l'embryon lui-même et le tissu de réserve peut rester cœnocytique, c'est-à-dire que les membranes séparant les différentes cellules formées par les mitoses successives n'apparaissent pas. D'autres fois l'albumen est cellularisé. Lors de la maturation de la graine, l'albumen peut, ou non, digérer les tissus subsistant en dehors du sac embryonnaire dans l'ovule fécondé, ce qui produit finalement trois types de graines chez les Angiospermes (figure 32) :

1. *Les graines à périsperme* (Nymphéacées, Caryophyllacées) contenant deux tissus de réserve : le *périsperme* diploïde dérivé du reste de l'ovule entourant le sac embryonnaire et *l'albumen* triploïde.
2. *Les graines albuminées* (Poacées, Renonculacées) dans lesquelles le développement de l'albumen a totalement éliminé tout le reste de l'ovule.
3. *Les graines ex-albuminées* (Haricot, Pois, Chou) dans lesquelles le développement important des deux cotylédons de la plantule, bourrés de réserves, a finalement éliminé l'albumen.

Suite à la double-fécondation, la paroi de l'ovaire grossit et se différencie en péricarpe, enveloppe du fruit. D'autres parties de la fleur, le réceptacle notamment, surtout dans le cas des ovaires infères (cas de la pomme, voir la figure 21), quelquefois le calice, participent à la formation du fruit, produit de la transformation d'une fleur fécondée ayant élaboré des graines.

Chapitre 7
L'apport des généticiens

Les contributions des généticiens des XXe et XXIe siècles à la compréhension de la sexualité végétale sont certainement très importantes.

I - L'induction florale

L'ensemble des facteurs environnementaux qui déclenchent la transformation d'un bourgeon végétatif de plante feuillée en bourgeon floral, a été particulièrement étudié au XXe siècle. Les facteurs dominants sont la durée de la période journalière d'éclairement (photopériode) par rapport à la période d'obscurité, ou bien l'exigence par la plante d'une certaine quantité de froid (vernalisation) au cours du développement de la graine. Les gènes ou les facteurs épigénétiques répondant à ces exigences environnementales ainsi que leurs moyens d'intervention biochimique ont été bien inventoriés[82].

II - Le contrôle génétique du développement de la fleur[83]

Lors de la sexualisation de l'appareil végétatif d'une Angiosperme, un premier bourgeon végétatif au moins se transforme en bourgeon floral. Les généticiens ont d'abord étudié, chez *Arabidopsis thaliana*, (une Crucifère, l'Arabette des dames, figure 33), chez d'autres plantes ensuite, des mutants incapables de réaliser cette transformation, malgré des conditions environnementales favorables à l'induction florale.

Ces expériences ont permis de déchiffrer le système génétique contrôlant l'identité des pièces florales dans toute une série de plantes à fleurs. Il s'agit de trois groupes (A, B, C) d'*homéogènes* ou *gènes-maîtres*, induisant chacun une série de réactions biochimiques en cascades. Ces gènes de floraison s'expriment dans un ancien bourgeon végétatif (c'est-à-dire un

---

[82] Voir P. Mazliak, *Le déterminisme de la floraison. Contrôles génétiques et épigénétiques,* De Boeck, Bruxelles, 2013, 181 pages.
[83] Voir P. Mazliak, *Le déterminisme de la floraison*, opus cité, p. 49-57.

bourgeon de rameau feuillé), après l'induction florale. Les premières protéines synthétisées lors de l'expression de ces gènes-maîtres sont des facteurs de transcription (nécessaires au bon fonctionnement des gènes) analogues aux facteurs existant dans le règne animal, chez la drosophile, par exemple, la souris ou chez l'homme, lors de la mise en place des plans d'organisation des organismes (des plans de distribution des organes). Les segments d'ADN correspondant aux homéogènes végétaux contiennent chacun une séquence remarquable de 168 nucléotides, appelée homéoboîte ou boîte MADS. Dans le nom de l'homéoboîte, M (*Man*) et S (*Saccharomyces*) correspondent aux facteurs de transcription identifiés respectivement chez l'homme et chez la levure ; la lettre A correspond au facteur de transcription de l'homéogène floral AGAMOUS chez *Arabidopsis* et la lettre D au facteur de transcription de l'homéogène floral DEFICIENS chez *Antirrhinum majus* (la Gueule de loup).

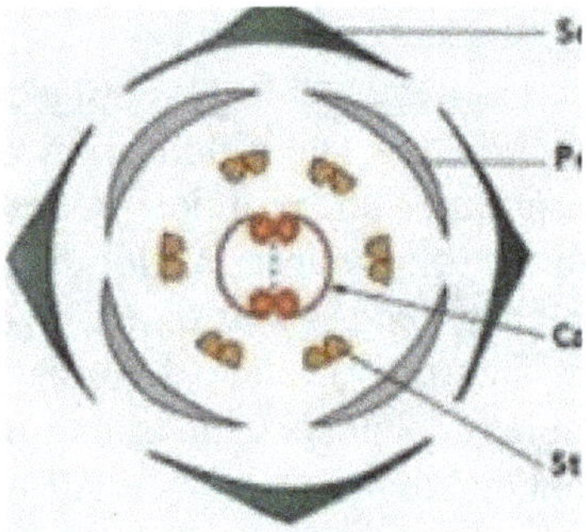

Figure 33 –

à gauche: Arabette des dames (Arabidpsis thaliana)

ci-dessus: Diagramme floral correspondant à la formule florale : 4 S + 4P+ 6 E + 2C.

Dans une plante de phénotype sauvage, non mutante, les trois classes (A, B, C)[84] de gènes-maîtres sont actives et chaque fleur formée est complète, avec sépales (S), pétales (P), étamines (E) et carpelles (C), sur leurs verticilles respectifs : V_1, V_2, V_3 et V_4 disposés de l'extérieur vers l'intérieur de la fleur. Cette observation (figure 34) est expliquée par ce qu'on appelle désormais le modèle ABC de contrôle génétique de l'identité des pièces florales :

- les tissus n'exprimant que les gènes de la classe A ne forment que des sépales ;
- les tissus combinant l'expression des gènes A et B ne forment que des pétales ;
- les tissus combinant l'expression des gènes B et C forment des étamines ;
- les tissus n'exprimant que les homéogènes de la classe C ne forment que des carpelles.
- Dans les fleurs sauvages (non mutantes), les gènes de la classe A s'expriment dans les verticilles V_1 et V_2 ; ceux de la classe B, dans les verticilles V_2 et V_3 ; ceux de la classe C dans les verticilles V_3 et V_4.
- Les mutants A- ont perdu pétales et sépales ; les mutants B- ont perdu pétales et étamines ; les mutants C- ont perdu les deux verticilles reproducteurs.
- L'activité A réprime l'activité C dans les verticilles 1 et 2 ; l'activité C réprime l'activité A dans les verticilles 3 et 4.

Les fleurs mutantes résultent d'expressions anormales des gènes dans différents verticilles ou au contraire de défauts d'expression des gènes. Ces gènes de floraison suffisent à expliquer la distribution des organes sexués dans les fleurs hermaphrodites.

---

84 Weigel D., Meyerowitz, E.M., The ABCs of floral homeotic genes, *Cell*, 78, 203-209, 1994.

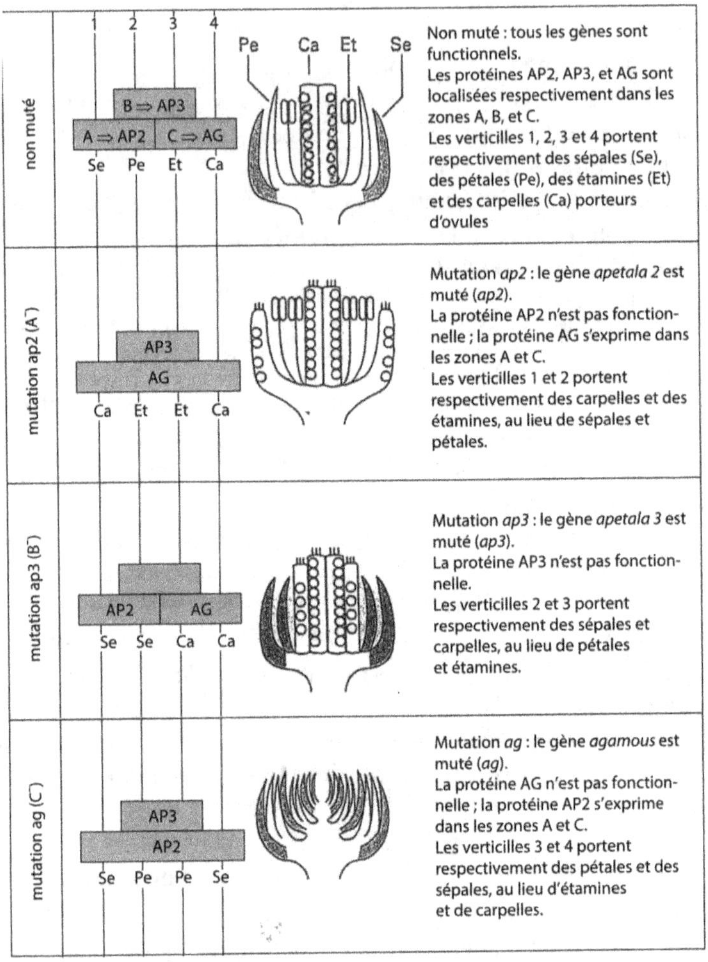

Figure 34 – Système génétique de détermination de la nature des pièces florales. AP = gènes *APETALA* ; AG = gènes *AGAMOUS*.

La découverte, en 2000, de nombreux homéogènes à homéoboîte identique à celles des végétaux dans le règne animal (contrôlant par exemple la multiplication cellulaire), renforce l'hypothèse d'un ancêtre commun aux animaux et aux végétaux.

III - La détermination chromosomique du sexe

Parmi les chromosomes résultant de la condensation de la substance nucléaire, lors des divisions cellulaires, il existe chez les Mammifères une paire de *chromosomes sexuels*. Le sexe femelle est déterminé par une paire de chromosomes sexuels identiques (XX), le sexe mâle par une paire de chromosomes différents (XY). Lors de la reproduction, chaque gamète haploïde ne contient qu'une sorte de chromosome sexuel (X ou Y) et c'est la recombinaison aléatoire des chromosomes sexuels lors de la fusion des gamètes accompagnant la fécondation qui détermine le sexe du zygote.

Beaucoup d'espèces végétales dioïques présentent un mécanisme chromosomique comparable à celui des Mammifères pour la détermination de leur sexe (Gorenflot[85], 1992). Parmi les Angiospermes dioïques possédant ce mécanisme, on peut citer le Chanvre, le Compagnon blanc, la Bryone, l'Oseille, l'Asperge, etc. On a cependant trouvé des cas plus compliqués chez certaines Angiospermes ; ainsi chez *Humulus japonicus*, une Moracée, les individus femelles ont deux chromosomes sexuels identiques (XX), mais les mâles renferment trois sortes de chromosomes sexuels (X Y_1 Y_2). Dans le cas du houblon (*Humulus lupulus*), interviennent deux paires de chromosomes sexuels pour chaque sexe : X_1 X_1 et X_2 X_2 pour les plantes femelles, X_1 X_2 et Y_1 Y_2 pour les plantes mâles. Chez *Fragaria vignana* (le fraisier sauvage) la plante femelle est hétérozygote (ZW) tandis que la plante mâle est homozygote (ZZ).

Ces chromosomes sexuels renferment des gènes dont les uns déterminent l'apparition d'un sexe donné et d'autres qui suppriment l'apparition d'un sexe déterminé. Ainsi l'analyse cytogénétique réalisée chez le Compagnon blanc a montré que le déterminisme du sexe mâle est contrôlé par trois régions du chromosome Y : un domaine supérieur suppresseur de pistil ; un domaine moyen promoteur d'anthère et un domaine inférieur contrôlant la fertilité du mâle. Les individus renfermant les deux chromosomes sexuels X X produisent des fleurs pistillées. Les

[85] R. Gorenflot, *Biologie végétale, Plantes supérieures, 2. Appareil reproducteur*, Masson, Paris, 1992, 255 pages.

combinaisons des gènes présents sur les chromosomes sexuels déterminent le sexe résultant finalement pour une plante donnée.

IV. Détermination génétique du sexe dans les plantes dioïques

L'existence d'espèces à plantes dioïques (espèces dans lesquelles plantes mâles et plantes femelles sont séparées) offre évidemment une bonne opportunité pour les études sur la détermination génétique du sexe chez les plantes. Les recherches génétiques sur les plantes dioïques ont fait l'objet d'importants travaux menés au Laboratoire de Biométrie et Biologie évolutive (LBBE) de l'Université Claude Bernard de Lyon[86] ; nous en rendrons partiellement compte ci-après.

Bien que les espèces dioïques soient prédominantes de façon écrasante dans le Règne animal où mâles et femelles sont généralement séparés[87], les espèces dioïques sont étonnamment rares chez les végétaux. Parmi les plantes terrestres, la diécie[88] stricte n'intéresse que 9 à 10% des plantes, soit 29.000 des 300.000 espèces actuellement identifiées[89]. Chez les

---

[86] Les travaux les plus importants sont cités dans la thèse de C. Fruchard :
Cécile Fruchard, Étude des chromosomes sexuels et du déterminisme du sexe chez les plantes : comparaison des systèmes *Silene* et *Coccinia, Thèse de doctorat de l'Université Claude Bernard, Lyon I,* 2018.
Ajoutons cet article plus récent :
D. Prentout, O. Razumova, B. Rhoné, H. Badouin, H. Henri, C. Feng, J. Käfer, G. Karlov, G.A.B. Marais, An efficient RNA-seq-based segregation analysis identifies sexchromosomes of *Cannabis sativa,* Cold Spring Harbor Press, January 25 2021, *Genome Research*, 30: 164-172.

[87] Il n'existe que relativement peu d'espèces hermaphrodites comme l'escargot, le lombric, la coquille St Jacques, etc.

[88] On peut aussi écrire diœcie.

[89] R. Ming, A. Bendhamane and S.S. Renner, Sex chromosomes in land plants, *Annual Review of Plant Biology*, 2011, 62, 485-514. On dénombrerait aujourd'hui plutôt 386.000 espèces de plantes terrestres.

Angiospermes, 5-6%, soit 14.600 espèces, sont dioïques réparties en 960 genres et 200 familles. La très grande majorité des espèces d'Angiospermes sont hermaphrodites (voir la figure 29). Notons que 35% des Gymnospermes (Conifères, Pin, Sapin, Épicéa, Mélèze, Cèdres) sont monoïques ou dioïques (voir la figure 36) ; les fougères (Ptéridophytes) présentent dans leur cycle de développement des plantes feuillées et un protonema bisexués sans que les sexes soient distinguables (voir la figure 35) ; chez les mousses toutes les plantes feuillées gamétophytiques sont dioïques mais portent un sporogone bisexué (voir la figure 37).

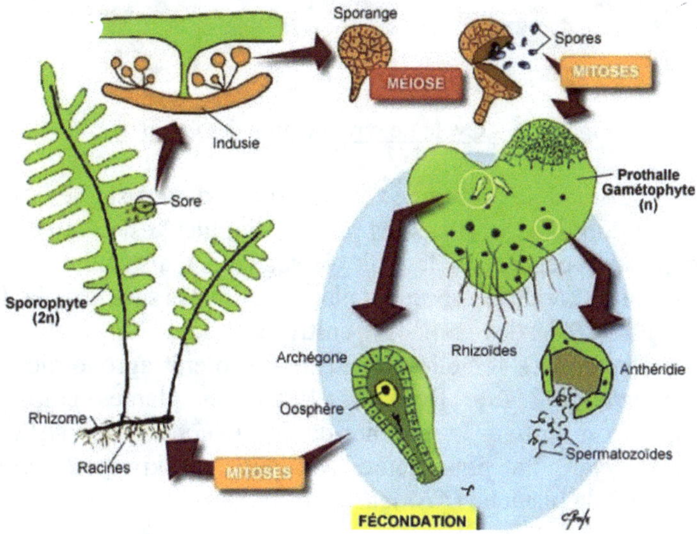

Figure 35 – Cycle reproductif des Fougères

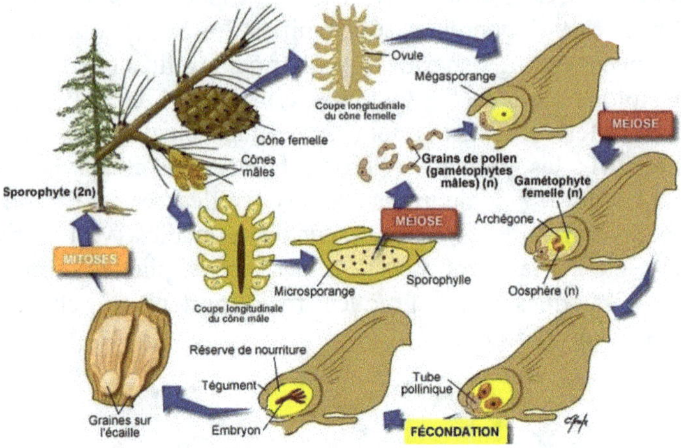

Figure 36 – Cycle de reproduction des Conifères.

Comme le remarque Cécile Fruchard dans sa thèse, « la manière dont le sexe [dans les plantes dioïques] est contrôlé est une question centrale de la biologie végétale, mais également de l'agronomie car de nombreuses plantes cultivées sont des plantes dioïques (20% des espèces cultivées) dont un seul sexe (généralement les femelles) présente un intérêt agronomique » (C. Fruchard, *Thèse*, Résumé). Parmi les plantes cultivées dioïques on trouve le palmier-dattier (*Phoenix dactylifera*), cultivé depuis la plus haute Antiquité, le kiwi (*Actinidia chinensis*), la pistache (*Pistacia*), etc.

Comme nous l'avons vu dans l'Introduction (p. 16) les types de diécie (séparation des sexes au sein d'une espèce) sont multiples. Si on y ajoute les séparations de sexe survenant dans le temps, on arrive au tableau des pages 136-138.

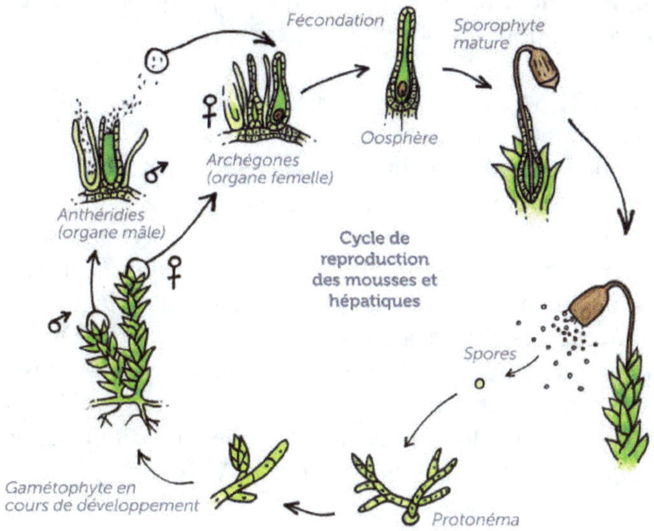

Figure 37 – Cycle reproductif des mousses

La place particulière des plantes dioïques dans la reproduction des Angiospermes a été appréciée de la façon suivante par Darwin :

« les plantes dioïques, [...] ont un grand avantage sur les autres plantes parce que leur fécondation croisée [offrant de meilleures chances génétiques à la descendance] est assurée. Mais cet avantage s'accompagne du risque que cette fécondation puisse échouer de temps en temps. La moitié de la population, c'est-à-dire les mâles, ne produisent pas de graine et ceci pourrait être un désavantage. Les plantes dioïques ne peuvent pas se répandre aussi facilement que les plantes monoïques ou hermaphrodites, parce que, si par hasard un seul individu atteint un nouveau site, il ne peut pas propager son espèce ou sa variété. [...] Les plantes hermaphrodites ont en outre l'avantage de produire de temps en temps quelques graines par autofécondation. »[90]

Environ 31,6 % des Angiospermes dioïques sont pollinisées par le vent contre seulement 5,5 à 6,4 % des espèces non dioïques. Généralement la longévité des plantes dioïques est plus grande que celle des plantes non dioïques mais les études de phylogénie montrent que la diécie n'est pas une fin de phylum évolutif ; en effet cette propriété peut être perdue et regagnée plusieurs fois dans un même phylum. Il y a des exemples décrits chez les Asteraceae, les Rosaceae, les Renonculaceae, etc. On a montré en outre, chez deux espèces de Cucurbitaceae : *Cucumis sativus* (le concombre) et le melon Cantaloup (*Cucumis melo*), que les hormones végétales ou l'éthylène peuvent modifier l'expression des chromosomes sexuels (Ming et al. Voir la note 72).

Tableau résumé des principaux types sexuels rencontrés chez les Angiospermes

d'après S.S. Renner, The relative and absolute frequencies of Angiosperm sexual systems: dioecy, monoecy, gynodioecy, and an updated data base, American journal of Botany, 101 (10), 1588-1596, 2014.

Système	Traduction visible	Fréquence
1. **Séparation**	**dans le temps de**	**l'apparition des gamétophyes**
Dichogamie.	Dans chaque fleur, les **étamines** apparaissent d'abord puis ensuite les **carpelles** (ou *vice versa*)	Très commune
Changement ontogénique de l'apparition du sexe	Les individus **jeunes** sont mâles,	Rare (250 espèces parmi les Orchidées,

90 C. Darwin, 1876, *The effects of cross and self fertilization in the vegetable kingdom*, John Murray, London, UK.

	les **plus âgés femelles**	les Palmiers ou les Cucurbitacées.)
Duodichogamie	Chaque individu porte la succession typique : **mâle, femelle, mâle**	Rare (5 familles : des Érables…)
Hétérodichogamie	Les populations renferment deux types de plantes hétérodichogames : 1)**Mâle, femelle, mâle** 2)**Femelle, mâle, femelle**	Rare (50 espèces)
2. Séparation	**dans l'espace des**	**gamétophytes**
Monoclinie	Chaque fleur est bisexuée	La plupart des Angiospermes
Diclinie	Chaque fleur est monosexuée	Toutes les plantes monoïques ou dioïques
Hétérostylie (Distylie)	**Styles longs, étamines courtes** ou *vice versa*	Quelques centaines d'espèces en 28 familles
Monoécie	Chaque individu contient des **fleurs unisexuées**	Légèrement plus fréquente que la diécie
Andromonécie	Chaque individu avec **fleurs mâles et hermaphrodites**	Rare
Gynomonécie	Chaque individu avec **fleurs femelles et hermaphrodites**	Commune parmi les Asteraceae

Androdiécie	Populations avec **individus mâles et d'autres bisexués**	Beaucoup d'espèces : Frêne, Mercuriale, etc.
Gynodiécie	Populations avec **individus femelles et d'autres bisexués**	275 genres d'angiospermes contiennent au moins une espèce de ce type
Diécie	Populations avec **mâles et femelles séparées**	5 à 6% de tous les Angiospermes. 987 genres contiennent au moins une espèce dioïque

Voici comment deux auteurs du LBBE de Lyon I décrivent le passage de l'hermaphrodisme à la diécie avec possibilité de retour (figure 38).

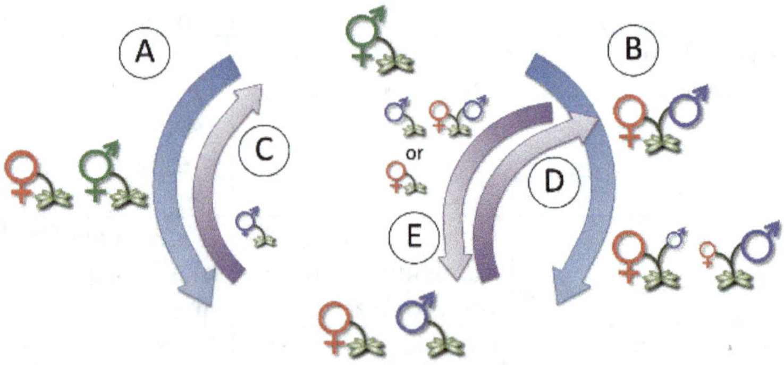

Figure 38 – Passages de l'hermaphrodisme à la diécie et retours selon Fruchard et Marais 2021.

Dans les évolutions de l'hermaphrodisme (stade ancestral) à la diécie, schématisées à la figure 38, Fruchard et Marais[91] ont identifié deux routes principales : **A**, la voie hermaphrodisme - gynodiécie - diécie et retour **C** ; **B**, la voie hermaphrodisme – monoécie -diécie et retour **D**. On peut voir aussi des évolutions de la monoécie à la diécie, **E**. Quelques travaux suggèrent deux intermédiaires supplémentaires dans la voie **E** : monoécie - androdiécie – diécie ou monoécie–gynodiécie - diécie. La voie B aurait été suivie par la plante modèle ; *Silene latifolia* (Caryophyllaceae) (Figure 39). La voie A a été suivie par l'autre plante modèle : *Coccinia grandis* (Cucurbitaceae) (figure 40).

Figure 39 - Fleurs mâle (à gauche) et femelle (à droite) de *Silene latifolia*

Figure 40 - Fleurs mâle (à gauche) et femelle (à droite) de *Coccinia grandis*

---

[91] C. Fruchard et G. Marais, The evolution of sex-determination in plants, in *Evolutionary Developmental Biology – A Reference Guide*, Springer, 2021

Les chromosomes sexuels ont été étudiés dans les deux plantes-modèles. Toutes deux ont le même système XY que celui fréquemment trouvé chez les animaux. On admet que les chromosomes sexuels se sont formés par évolution à partir d'une paire de chromosomes non sexuels (autosomes). Chez *Coccinia grandis*, le séquençage de l'ADN des chromosomes sexuels a permis de repérer 1364 gènes. Le chromosome Y a subi une perte d'environ 40% de ces gènes et il est plus court que le chromosome X (Hétéromorphisme des chromosomes sexuels). Chez *Silene latifolia*, on observe aussi un hétéromorphisme des chromosomes sexuels et sur les 16.219 gènes repérés par séquençage de l'ADN, trois grandes régions liées au chromosome Y induisent le non-développement des carpelles ou le développement des étamines. Sur le chromosome X, d'autres gènes induisent le non-développement des étamines.

Des chromosomes sexuels homomorphiques s'observent chez *Carica papaya, Fragaria vignana* ou *Asparagus officinalis*. Le cas de *Rumex acetosa* (l'oseille) est le résultat d'une évolution extrême : les chromosomes Y1 et Y2 sont largement inférieurs à la taille des autosomes et à celle du chromosome X (Ming et al., 2011).

La détermination génétique du sexe chez les plantes est un domaine d'étude qui reste largement ouvert. Par exemple les chromosomes sexuels ne sont actuellement connus que dans 40 espèces appartenant à 21 genres et seulement 15 familles de plantes. Des chromosomes sexuels hétéromorphiques sont connus dans 20 espèces des six genres suivants : *Cannabis, Humulus, Silene, Coccinia, Trichosanthes,* et *Rumex.*

V. Auto-incompatibilité pollen-stigmate

Certains mécanismes subtils de contrôle de la sexualité des Angiospermes ont été découverts ces dernières années et font l'objet de nombreuses recherches en cours. On a démontré en effet qu'il peut y avoir incompatibilité, au sein d'une espèce, entre le pollen de certaines plantes et les stigmates des ovaires de certaines fleurs dans cette même espèce. Cette incompatibilité repose sur la présence de certains gènes codant pour des glycoprotéines de surface des cellules[92]. Il suffit d'un gène commun au pollen et au pistil pour qu'il y ait rejet du pollen par le stigmate.

Dans le cas du Chou fourrager (Brassicacées), un gène simple S est responsable de la réaction d'auto-incompatibilité. Lorsque le même allèle (c'est-à-dire la même composition moléculaire) du gène S est présent à la fois sur l'organe femelle (stigmate) et l'organe mâle (pollen), il y a auto-incompatibilité. Le gène S induit dans le pollen la présence d'une petite protéine de surface S (ligand riche en cystéine) qui se lie à un récepteur stigmatique SRK. Une fois activé par le ligand S, le récepteur déclenche une cascade de réactions de phosphorylations-déphosphorylations conduisant à la réaction d'auto-incompatibilité. Des gènes régulateurs de l'auto-incompatibilité ont récemment été identifiés. Certains de ces gènes, en cas de mutation, peuvent rendre le système pollen-pistil à nouveau compatible. Les interactions moléculaires entre pollen et stigmates se révèlent ainsi très complexes[93].

Ces mécanismes d'auto-incompatibilité renforcent évidemment le brassage génétique lors de la reproduction des plantes à fleurs.

VI. La question de l'origine des Angiospermes au cours de l'évolution des plantes[94]

Les végétaux ont colonisé la terre ferme à l'ère primaire, il y a plus de 400 millions d'années, mais les plantes à fleurs ne sont apparues qu'à l'ère secondaire, il y a 150 millions d'années. Les Gymnospermes (Conifères principalement), longtemps supposées précurseurs des plantes à fleurs, étaient déjà présentes à la fin de l'ère primaire, il y a 300 millions d'années, mais

[92] Voir D. Robert, C. Dumas et C. Bajon, *Biologie végétale, Tome 3, La reproduction*, Doin, Paris, 1994, 390 pages.

[93] T. Gaudé, S. Glemin, D. Cabrillac, A. Mignot, L'auto-incompatibilité chez les plantes à fleurs, *Société F. de Génétique*, m/s 6-7 vie, 17, 2001, I-XIV.

[94] Voir P. Mazliak, *L'évolution chez les Végétaux*, Vuibert/Adapt, Paris, 2009, 360 pages.

aujourd'hui les Gymnospermes ne sont plus considérées comme précurseurs des Angiospermes.

La flore terrestre du Dévonien (la période de l'ère primaire précédant le Carbonifère) est l'une des flores les plus intéressantes du point de vue phylogénétique. À la fin du Dévonien, les souches principales du monde végétal moderne existaient déjà. Même des lichens ont été retrouvés parmi les fossiles de cette époque. La fin du Dévonien et le début du Carbonifère sont caractérisés en paléobotanique par le développement des Fougères et des Prêles géantes puis l'apparition des Pré-Spermaphytes ou premières plantes à ovules. De toutes ces lignées végétales, plus ou moins archaïques, il n'y en eut qu'une finalement, « qui ait eu assez de souffle pour venir jusqu'à nous sans cesser de s'épanouir et de se développer au sens phylétique du mot, celle des plantes à ovules[95]. »

Les botanistes ont donc recherché l'origine des Angiospermes dans le groupe des plantes à ovules évoluées, présentant des ovules protégés par des feuilles stériles (sortes de carpelles) et des microsporanges compacts contenant les spores haploïdes mâles équivalents à des pré-étamines. Ces Pré-Angiospermes forment aujourd'hui les groupes-reliques des Gnétales et des Cycadales avec le groupe entièrement fossile des Bénettitales ; tous sont souvent classés à côté des Gymnospermes. Mais les séries phylogénétiques[96] établies dès 1987 font en vérité de ce groupe des Pré-Angiospermes un ensemble frère des Angiospermes et non des précurseurs. Il y aurait donc un « ancêtre hypothétique commun » à l'origine des Pré-Angiospermes et des Angiospermes.

Les Angiospermes dériveraient toutes de cet ancêtre encore inconnu et auraient acquis progressivement la fleur hermaphrodite caractéristique du groupe par condensation de multiples carpelles mono-ovulaires pour former finalement un

---

[95] L. Emberger, *Les plantes fossiles dans leurs rapports avec les végétaux vivants*, Masson, Paris, 1968, 758 pages.

[96] J.A. Doyle, M. Donoghue, *The origin of the angiosperms: a cladistic approach*, p. 17-49 in E.M. Friis, W.G. Chaloner, P.R. Crane, *The origins of the angiosperms and their biological consequences*, Cambridge University Press, Cambridge, 1987.

pistil à un seul ovaire multi-ovulaire ; les pré-étamines se seraient transformées en étamines à deux loges polliniques. Les feuilles stériles à la base des rameaux reproducteurs se seraient transformées (« métamorphosées » comme disait Goethe[97]) en bractées, sépales et pétales.

Des phylogénies moléculaires récentes[98], établies à l'aide des ADN codant certains enzymes de la photosynthèse, confirment ces conclusions. D'après ces phylogénies, l'espèce d'Angiosperme aujourd'hui vivante la plus proche de « l'ancêtre commun » est *Amborella trichopoda* (figure 41), seule espèce de la famille des Amborellacées endémique en Nouvelle Calédonie. *Amborella trichopoda* est un arbuste à feuilles persistantes ; les fleurs de l'arbuste sont unisexuées, ayant cinq à huit tépales.

Les fleurs mâles contiennent de nombreuses étamines à deux loges polliniques. Les fleurs femelles ont encore cinq à six carpelles libres portant chacun un stigmate stérile ; ces fleurs femelles contiennent aussi chacune une ou deux « staminodes » ou étamines stériles. L'ordre d'Angiospermes le plus proche des Amborellacées est l'ordre des Nymphéales (Nénuphars) possédant de vraies fleurs hermaphrodites.

En Europe, la flore du Crétacé inférieur était encore dominée par les Gymnospermes, avec principalement des Conifères. Mais cette flore recula progressivement au cours du Crétacé devant la flore angiospermienne venue d'Asie ou d'Océanie, de sorte qu'au Crétacé supérieur les plantes à fleurs devinrent les plantes maîtresses de la flore européenne.

---

[97] J.W. von Goethe, *La métamorphose des plantes*, Triades, Paris, 1992, 337 pages.

[98] Y.L. Quin, J. Lee *et al.*, The earliest angiosperms, *Nature*, n° 402,1999, p. 404-407.

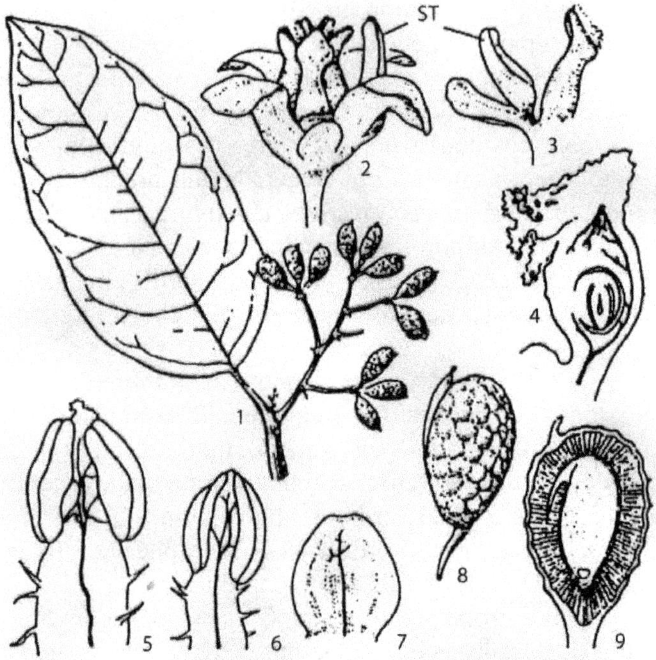

Figure 41 – *Amborella trichopoda.*
1 : rameau avec fruits ; 2 : fleur femelle avec staminodes (st) ; 3 : fragment de fleur femelle avec staminode et carpelles ; 4 : carpelle en coupe longitudinale ; 5,6,7 : étamines à deux loges polliniques et staminode (7) ; 8 : carpelle-fruit (drupe = fruit à noyau) ; 9 : coupe longitudinale d'un fruit avec un petit embryon dans l'albumen. (D'après Armen Takhtajan, *Diversification and classification of flowering plants*, Columbia University Press, New-York, 1977, 643 pages.)

Conclusion générale

Après cette revue du progrès des connaissances sur la sexualité végétale, depuis l'époque où Sébastien Vaillant écrivait son *Discours sur la structure des fleurs* jusqu'à nos jours, on ne peut manquer d'être impressionné par le gouffre d'ignorance qui subsistait encore sur la question au XVIIIe siècle. Sébastien Vaillant savait clairement identifier les organes mâles (les étamines) et femelles (les pistils) dans les fleurs ; il savait aussi que le pollen des étamines était indispensable à la reproduction des plantes à fleurs mais il n'avait aucune idée précise sur le mode d'intervention de ce pollen, à partir de son contact avec les stigmates d'un pistil.

Sébastien Vaillant, comme ses collègues botanistes du XVIIIe siècle, ignorait tout des phénomènes cellulaires accompagnant la reproduction sexuée des plantes (fusion des gamètes, formation de la plantule et de l'albumen de la graine à partir du sac embryonnaire de l'ovule).

Un chapitre intéressant de la découverte du sexe chez les plantes a été écrit par Charles Darwin qui a effectué, tout au long de sa vie, de nombreuses expériences sur les plantes à fleurs hermaphrodites. Il a notamment montré que la fécondation croisée entre le pollen d'une première fleur et le pistil d'une autre fleur était beaucoup plus productive en graines et en vigueur des descendants, que les autofécondations de ces mêmes fleurs. Cette fécondation croisée semble même être obligatoire dans les plantes à fleurs dimorphes (hétérostylées) à pistil court et étamines longues ou inversement à pistil long et étamines courtes. Darwin avança l'hypothèse que les fleurs hermaphrodites résulteraient, au cours de l'évolution, de la fusion de deux plantes dioïques (monosexuées). La plus grande productivité des fécondations croisées serait ainsi un « souvenir » de l'existence des ancêtres monosexués.

La génétique ne s'édifia comme science qu'à partir du XIXe siècle (avec les travaux de Mendel sur les fleurs de Pois) et le déterminisme génétique des parties sexuées des fleurs hermaphrodites ou bien le contrôle génétique de la formation des plantes unisexuées dans les espèces végétales dioïques, étaient évidemment insoupçonnés au XVIIIe siècle. Aucune notion sur l'origine des plantes à fleurs dans l'Évolution n'était non plus disponible à cette époque.

Les claires formulations du *Discours sur la structure des fleurs* ne marquent donc, finalement, qu'une étape dans la difficile et très progressive compréhension de la sexualité des végétaux. Deux millénaires de recherches sur cette question depuis l'Antiquité ont été nécessaires pour aboutir aux connaissances contemporaines. L'explosion actuelle des recherches sur la détermination génétique du sexe des plantes laisse bien augurer de futures applications agronomiques. Notre compréhension du monde végétal a énormément progressé à la suite des recherches génétiques.

On sait maintenant, depuis de nombreuses années, que les champignons ne sont plus considérés comme des *plantes* terrestres : ce sont des êtres eucaryotes *saprophytes*, ne possédant pas de chlorophylle, donc ne pouvant s'alimenter directement (comme les plantes *autotrophes*) à partir du monde minéral par photosynthèse. Les champignons s'alimentent à partir des produits de décomposition de la matière organique d'autres êtres vivants. Pour compléter brièvement le tableau de la détermination du sexe dans les plantes terrestres, nous avons placé en Annexe II, pour les lecteurs éventuellement intéressés, quelques données sur la reproduction des champignons (encore souvent considérés comme des plantes terrestres dans la culture populaire).

Bibliographie

Alberti Magni (Albert le Grand), *De vegetalibus libri VII*, version imprimée éditée par G. Reimer, Berlin, 1867, numérisée sur le site *Gallica* de la Bibliothèque nationale de France (Bnf).

Andrea Cesalpini (Césalpin), *De Plantis Libri XVI*, Georgium Marescottum, Florence, 1583, 621 pages, ouvrage numérisé sur le site *Gallica* de la Bibliothèque nationale de France (Bnf).

Aristote, *Génération des animaux*, Les Belles Lettres, Paris, 2013, 440 pages.

Bonnier G., *Le monde végétal*, Flammarion, Paris, 1907, 391 pages.

Bradley R., *Nouvelles observations physiques et pratiques sur le jardinage et l'art de planter avec le calendrier des jardiniers,* Paulus du Mesnil, Paris, 1756, 3 volumes (édition numérisée par Google Book).

Bretin-Chabrol M. et C. Leduc, La botanique antique et la problématique du genre, *Clio*, 29, p. 205-223, 2009.

Chadefaud M. et Régnier V., *Observations et exercices de botanique et biologie végétale*, Delagrave, Paris, 1957, 278 pages.

Chavant L., Netbook, *Le monde des champignons*, en ligne, 2020.

Darwin C., *De la fécondation des orchidées par les insectes et résultats du croisement*, C. Reinwald, Paris, 1870, 352 pages (ouvrage numérisé sur le site *Gallica* de la BNF).

Darwin C., *The effects of cross and self-fertilization in the vegetable kingdom*, John Murray, London, UK, 1876.

Darwin C., *The different forms of flowers in plants of the same species*, John Murray, London, UK, 1877.

Debus A. G., *Man and Nature in the Renaissance*, Cambridge University Press, Cambridge, 1976, 172 pages.

Dictionnaire de Botanique, Albin Michel, Paris, 1999, 1511 pages.

Dioscorides P., *De materia medica*, traduction anglaise de L. Y. Beck, Olms-Weidmann, Zurich, 2005, 540 pages.

Dowrick V.J.P., Heterostyly and homostyly in *Primula obconica, Heredity*, 10, 219-236, 1956.

Emberger L., *Les plantes fossiles dans leurs rapports avec les Végétaux vivants*, Masson, Paris, 1968, 758 pages.

Empédocle, Fragments publiés par Paul Tannery, *Pour l'histoire de la Science hellène, De Thalès à Empédocle,* Gauthiers-Villars, Paris, 1930, 435 pages.

Favre-Duchartre M., *Des ovules aux graines*, Masson, Paris, 1970, 136 pages.

Freud S., Autoprésentation, *Œuvres complètes (1923-1925)*, PUF, Paris, vol. 17, 352 pages (1992).

Fruchard C., Étude des chromosomes sexuels et du déterminisme du sexe chez les plantes : comparaison des systèmes *Silene* et *Coccinia, Thèse de l'Université Claude Bernard, Lyon I,* 2018.

Fruchard C. and G. Marais, The evolution of sex-determination in plants, in *Evolutionary developmental Biology – A Reference Guide,* Springer 2021.

Gaude T., Glemin S., Cabrillac D., Mignot A., L'auto-incompatibilité chez les plantes à fleurs, *Société de Génétique*, m/s 6-7 vie, 17, 2001, I-XIV.

Geoffroy C. J. (le jeune) : Observations sur la structure et l'usage des principales parties des fleurs, *Mémoires de l'Académie Royale des Sciences*, 14 novembre 1711, p. 207-230.

Goethe J. W. von, *La métamorphose des plantes*, Triades, Paris, 1992, 337 pages.

Gorenflot R., *Biologie végétale, Plantes supérieures, 2. Appareil reproducteur*, Masson, Paris, 1992, 255 pages.

Grew N., *Anatomie et âme des Plantes, qui contient une description exacte de leurs naissances, nourritures, progrès, parties et usages, et qui fait voir comment elles se forment, et comment elles croissent, avec un recueil d'expériences et d'observations curieuses,* nouvelle édition revue et corrigée, Pierre Vander, Leyde, 1691, 430 pages (numérisée par Google book).

Guignard L., Sur les anthérozoïdes et la double fécondation sexuelle chez les végétaux Angiospermes, *Revue Générale de Botanique*, 1899, 129-135.

Harvey W., *Exercitationes de generatione animalium*, O. Pulleyn, Londres, 1631, 350 pages.

Joannis Raii (John Ray), *Historia plantarum generalis*, Samuelis Smith et Benjamin Wilford, Londini, 1693-1704, Trois tomes.

Magnin-Gouze J., *Histoire de la Botanique*, Delachaux et Niestlé, Paris, 2004, 217 pages.

Malebranche N., *De la recherche de la vérité*, A. Pralard, Paris, 4e édition, 1678 (Vol. 1 numérisé par Google book).

Mangin L., *Cours élémentaire de Botanique*, Hachette, Paris, 1899, 382 pages.

Mazliak P., *Les Fondements de la Biologie. Le XIXe siècle de Darwin, Pasteur et Claude Bernard,* Vuibert/Adapt, Paris, 2002, 343 pages.

Mazliak P., *Avicenne et Averroès. Médecine et Biologie dans la civilisation de l'Islam,* Vuibert/Adapt, Paris, 2004, 247 pages.

Mazliak P., *L'évolution chez les Végétaux*, Vuibert/Adapt, Paris, 2009, 560 pages.

Mazliak P., *Le déterminisme de la floraison. Contrôles génétiques et épigénétiques,* De Boeck, Bruxelles, 2013, 181 pages.

Mazliak P., *La biologie au Siècle des Lumières*, 2e édition, Vuibert/Adapt, Paris, 2013, 472 pages.

Mérat F.V., *Revue de la Flore Parisienne suivie du Botanicon parisiense*, Baillère, Paris, 1843, 487 pages.

Ming R., A. Bendhamane and S.S. Renner, Sex chromosomes in land plants, *Annual Review of Plant Biology,* 2011, G2, 485-514.

Morton A. G., *History of Botanical Science*, Academic Press, Londres, 1988, 3e édition, 474 pages.

Pline l'Ancien, *Histoire naturelle*, traduction de la Collection des Universités de France, Les Belles Lettres, Paris, 2002, 12 *Les arbres*, 159 pages.

Pitton de Tournefort J., *Éléments de Botanique ou Méthode pour connaître les plantes,* Imprimerie royale, Paris, 1694, 3 volumes.

Pitton de Tournefort J., *Institutiones rei Herbariae*, Typographia Regia (Imprimerie Royale), Paris, 1700-1703, 3 tomes.

Pitton de Tournefort J., *Histoire des plantes qui naissent aux environs de Paris, avec leur usage dans la médecine*, 2e édition, Jean Musier, Paris, 1725, 2 tomes.

Pulteney R., *Esquisses historiques et biographiques des progrès de la Botanique en Angleterre, depuis son origine jusqu'à l'adoption du système de Linné,* Maradan, Paris, 1808, 371 pages.

Rabelais, *Œuvres complètes*, Édition de La Pléiade, Gallimard, Paris, 1955, 1055 pages.

Renner S.S., The relative and absolute frequencies of angiosperm sexual systems: dioecy, Monoecy, gynodioecy and an updated online data base, *American J. of Botany*, 101(10): 1588-1596, 2014.

Robert D., C. Dumas et C. Bajon, *Biologie végétale, Tome 3, La reproduction*, Doin, Paris, 1994, 390 pages.

Sachs J., *Histoire de la botanique du XVIe siècle à 1860*, Reinwald et Cie éditeurs, Paris, 1892, 584 pages.

Souèges R., *L'embryologie végétale, Résumé historique*, Hermann, Paris, 1934, 2 volumes.

Sprengel C.C., *Das entdekte Geheimnis der Natur im Bau und in der Befruchtung der Blumen*, F. Vieweg, Berlin, 1793, 443 pages et 25 planches (ouvrage numérisé sur le site *Biodiversity Heritage Library*).

Théophraste, *Histoire des plantes* ou *Recherches sur le Plantes*, [*Historia Plantarum*], Belin, Paris, 2010, 414 pages.

Théophraste, *Les causes des phénomènes Végétaux, [De causis plantarum]*, Les Belles Lettres, Paris, 2015, 352 pages.

Vaillant S., *Discours sur la structure des Fleurs, leurs différences et l'usage de leurs parties,* Pierre Vander, Leyde (Pays-Bas), 1718, 54 pages. (Numérisé sur le site *Gallica* de la BNF).

Vaillant S., Remarques sur la Méthode de Monsieur Tournefort, *Mémoires de l'Académie Royale des sciences*, Paris, 1722, 22 pages (p. 243-264).

Vaillant S., *Botanicon Parisiense ou Dénombrement par ordre alphabétique des Plantes qui se trouvent aux environs de Paris*, J.H. Verbeek et B. Lakeman, Leyde et Amsterdam, 1727, 205 pages avec index et planches.

Vallade J., *L'œil de lynx des microscopistes. La sexualité végétale : l'apport des micrographes depuis le XVIIe siècle*, Éditions universitaires de Dijon, Dijon, 2008, 337 pages.

Varron, *De re rustica* [*Économie rurale*], Panckouke, Paris, 1843, 406 pages.

Vincent P., *Sciences d'observation*, Vuibert, Paris, 1956, 264 pages.

Weigel D., Meyerowitz, E.M., The ABCs of floral homeotic genes, *Cell*, 78, 203-209, 1994.

Wit H.C.D. de, *Histoire du développement de la biologie*, Presses polytechniques et universitaires romandes, Lausanne, 1992-1994, 3 tomes.

Wit H.C.D. de, *La vie racontée, une biographie de la biologie*, Presses polytechniques et universitaires romandes, Lausanne, 1996, 332 pages.

Zehnacker H., Pline l'Ancien, *Histoire naturelle*, Gallimard, Paris,1999, 421 pages.

Annexe I – Discours sur la structure des fleurs (1718)

(*Seules les pages paires sont présentées; les pages impaires contiennent le même texte en latin*).

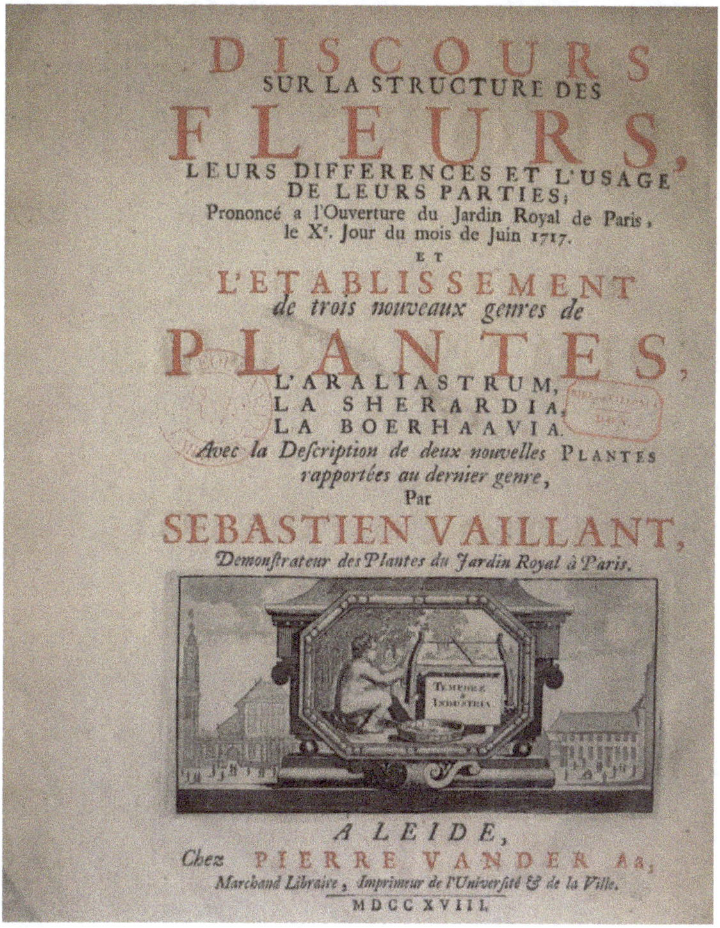

DISCOURS
SUR LA STRUCTURE DES
FLEURS,
LEURS DIFFERENCES ET L'USAGE
DE LEURS PARTIES;
Prononcé a l'Ouverture du Jardin Royal de Paris,
le Xᵉ. Jour du mois de Juin 1717.
ET
L'ETABLISSEMENT
de trois nouveaux genres de
PLANTES,
L'ARALIASTRUM,
LA SHERARDIA,
LA BOERHAAVIA.
Avec la Description de deux nouvelles PLANTES
rapportées au dernier genre,
Par
SEBASTIEN VAILLANT,
Demonstrateur des Plantes du Jardin Royal à Paris.

A LEIDE,
Chez PIERRE VANDER AA,
Marchand Libraire, Imprimeur de l'Université & de la Ville.
MDCCXVIII.

DISCOURS

Sur la Structure des Fleurs, leurs differences, & l'usage de leurs parties; prononcé a l'ouverture du Jardin Royal de Paris, par M. Vaillant, Demonstrateur des Plantes, le xe. Jour du mois de Juin 1717.

Recueilli par les Etudians en Botanique.

MESSIEURS,

Comme entre les parties qui caracterisent les Plantes, celles qu'on appelle Fleurs, *sont, sans contredit, des plus essentielles, il est a propos de vous en entretenir d'abord; d'autant plus que tous les Botanistes ne nous en ont donné que des idées assez confuses.*

Peut être que le langage dont je me servirai a ce sujet, semblera un peu nouveau en Botanique; mais comme il sera rempli de termes tout a fait convenables a l'usage des parties que j'ai a exposer, je croi qu'on l'entendra beaucoup mieux que l'ancien, lequel étant farci de mots impropres & equivoques, plus propres à embroüiller la matiere, qu'a l'eclaircir, jettent dans l'erreur ceux dont l'imagination encore offusquée, n'a aucune bonne notion des veritables fonctions de la pluspart de ces mêmes parties.

Les Fleurs, *absolument parlant, ne devroient être prises que pour les organes qui constituent les differents sexes des Plantes, puisqu'on trouve quelque fois ces organes nuds, com-*

comme dans la Typhe ou Masse d'eau [a]; *le* Limnopeuce *Cordi* [b]; *le* Potamogeito affinis Graminifolia aquatica, *Raii*; [c] *dans quelques especes de Fresnes &c. Et que les tuniques ou petales* [d] *qui les environnent immediatement dans les plantes ou ils se manifestent, ne sont destinées qu'a les couvrir & a les defendre. Mais comme ces tuniques sont ordinairement ce qu'il y a de plus beau & de plus apparent dans le composé auquel on a donné le nom de* Fleur, *& que c'est precisement là que se borne la curiosité, l'amour & l'admiration de presque tout le genre humain qui ne fait nulle attention au reste dont il ignore & le nom & l'usage; ce sont ces tuniques que par preciput, j'appellerai* Fleurs, *de quelque structure, & de quelque couleur qu'elles puissent être, soit qu'elles entourent les organes des deux sexes reünis, soit qu'elles ne contiennent que ceux de l'un ou de l'autre, ou seulement quelques parties dépendantes de l'un des deux, pourveü toute fois que la figure de ces tuniques ne soit pas la même que celle des feuilles de la plante, supposé qu'elle en porte.*

Sur ce principe, je nomme Fleurs nuës *ou* Fausses Fleurs, *ou si l'on veut,* Fleurs effleurées, *les organes de la generation qui sont denuéz de petales,* & vraies-Fleurs, *ceux qui en sont revestus.*

L'on voit par ce premier debut, que je sape entierement les Fleurs à Etamines *ou ces captieuses Fleurs sans fleur, race maudite, qui semble n'avoir été créee ou inventée que pour en imposer aux plus habiles, & désoler absolument les jeunes Botanistes, lesquels en étant debarassez, se trouvent d'abord en état d'entrer tête levée dans le vaste empire de Flore, & de decider en Maîtres sur toutes les parties des Fleurs.*

Si celui de tous les Autheurs qui a le plus donné dans le Fleurisme, s'y étoit pris de la sorte, il n'auroit pas avancé qu'il est bien difficile de determiner en plusieurs ren-

[a] Typha palustris. [b] Histor. 150. [c] Hist. I. 190. [d] Petala.

rencontres ce qu'il faut appeller les feuilles (*ou pour eviter l'ambiguité, les petales*) *de la fleur*, & *ce qu'il faut nommer le calice de la même fleur*, & *il n'auroit pas si souvent pris celui-ci pour celle-là*, & *encore plus souvent, celle-là pour celui-ci.*

De la maniere que je viens de definir la vraye-Fleur *on entend bien qu'elle doit estre épanoüie*; *car lors qu'elle n'est encore qu'en bouton, non seulement ses tuniques entourent immediatement les organes de la génération, mais elles les cachent aussi si exactement qu'en cet estat on la peut regarder comme leur lict nuptial, puisque ce n'est ordinairement qu'aprés qu'ils ont consommé leur mariage, qu'elle leur permet de se montrer*; *ou si elle s'entrouvre quelque peu pendant qu'ils en sont aux prises, elle ne s'epanoüit tres-parfaitement que lors qu'ils se sont quittez. Le contraire arrive aux Fleurs qui ne contiennent qu'un sexe*, & *la raison en est évidente. Mais s'il arrive que sur un même pied de plante, il se rencontre des Fleurs qui n'entourent que des organes feminins*, & *d'autres ou se trouvent les deux sexes : la tension ou le gonflement des organes masculins de celle-ci, se fait si subitement, que les lobes du bouton, cedant a leur impetuosité, s'ecartent ça* & *là avec une celerité surprenante. Dans cet instant, ces fougueux qui semblent ne chercher qu'a satisfaire leurs violents transports, ne se sentent pas plustôt libres, que faisant brusquement une décharge générale, un tourbillon de poussiere qui se repand, porte partout la fecondité* ; & *par une étrange catastrophe ils se trouvent tellement épuisez, que dans le même instant qu'ils donnent la vie, ils se procurent une mort soudaine.*

Ce

Ce n'est pas encore là que se termine la scene. A peine ce jeu a-t-il cessé, que les levres ou lobes de la fleur se raprochant l'un de l'autre, avec la même vitesse qu'ils s'en étoient écartéz, lui font reprendre sa premiere forme; Et on auroit peine à comprendre, si l'on ne l'avoit veû, qu'elle eût souffert la moindre violence, ou si l'on en voïoit encore des marques certaines par les chetives carcasses de ces vaillants Champions qui la lui ontfaite, & qui restent quelque tems arborées sur son faite, ou comme autant de girouettes, elles servent de joüet aux Zephyres.

Tout cette mechanique se peut aisement remarquer sur la Parietaire, *a l'heure du Berger, c'et à dire le matin, temps ou les differents sexes des plantes prennent ordinairement leurs ébats. Et si ces Fleurs ne vouloient pas agir de gré pendant qu'on les observe, on peut les y forcer en les aiguillonnent doucement avec la pointe d'une épingle; car pour le peu qu'on en souleve un des lobes quand elles ont pour ainsi dire, l'age competent, les hampes ou filets des étamines, d'arcuez ou cambrez qu'ils sont, venant a se dresser comme par un effort violent, on découvre aussi-tôt ce qui se passe de plus particulier dans cette espece d'exercice amoureux.*

*Il s'en faut bien que les étamines des plantes qui ne portent que des fleurs ou les deux sexes sont reunis, n'agissent avec tant de precipitation & de vigueur. Dans le plus grand nombre, leur action est presque insensible; mais il est a presumer que plus elle est lente, plus longue est la durée de leurs innocents plaisirs. Ce n'est pas qu'on en voit qui, sur certaines plantes, tantque la fleur subsiste, donnent encore au moindre attouchement, des signes de vie bien marquées. Telles sont par exemple; les étamines du Figuier d'Inde [a]; celles d'*Helianthemum *&c.*

a Opuntia.

Les

Les organes qui constituent les differents sexes des plantes, sont deux principaux. Sçavoir les Etamines *& les* Ovaires.

Les Etamines que j'appelle organes masculins *& que le celebre Autheur des Institutions de Botanique, regarde comme les parties les plus viles & les plus abjectes dans les végetaux; quoi qu'elles soient veritablement des plus nobles: puisqu'elles repondent a celles qui dans les masles des Animaux servent a la multiplication de l'espece; C'elles-là, dis-je, sont composées de* testes *& de* queuës, *ou si l'on veut s'entenir aux termes ordinaires, de sommets & de filets.*

Ces testes, *qu'a juste titre, on peut appeller* testicules, *non seulement parce qu'elles en ont souvent la figure, mais aussi parce qu'en effet elles en font l'office, sont, dans toutes les plantes complettes, de doubles cartouches ou des capsules membraneuses, qui essentiellement ont deux loges pleines de poussieres, dont les granules prennent ordinairement dans chaque espece de plante une forme déterminée, comme l'ont observé Mrs. Grew, Malpighi, Tournefort, & aprés eux, l'Autheur des* observations sur la structure & l'usage des principales parties des fleurs. *Memoires de l'Ac. R. des Sc. ann.* 1711. *p.* 210.

Les queuës ou filets, qui servent d'attaches & des supports aux testicules, & qui ne sont proprement que les gaines de leurs vaisseaux spermatiques, sont ou simples, comme dans les plantes Graminées, *les* Cyperacées, *les* Cruciferes, *les* Umbelliferes *& autres; ou bien elles sont branchuës, comme dans le* Ricin, *le* Laurier *&c. Elles sont distinctes & separées les unes des autres dans les fleurs des susdittes plantes; mais dans certaines, comme sont celles de la plusspart des* Malvacées, *des* Cucurbitacées, *des* Legumineuses *&c. on les trouve si intimement soudées ensembles, qu'elles ne font qu'un seul corps, D'ou est venu que M. Tournefort a pris les Etamines du* Houx-frelon, [a] *pour la fleur même, & la veritable fleur pour un calice, & qu'il n'a pas reconnu que ce qu'il appelle* tuiau piramidal *dans les plantes Malvacées;* tuiau frangé *dans* l'Azedarach, gaine, *dans le* Rapuntium,

a. Ruscus.

dans

dans les plantes Legumineuſes, *dans celles* à fleurons, *dans celles* a demi-fleurons, & *dans les* radiées ; *il ne s'eſt pas apperceû, dis-je, que ce qu'il appelle tantôt* tuyau, *tantôt* gaine, *n'eſt autre choſe que ces queuës parfaitement jointes & intimement unies : accident qui leur eſt commun avec les petales de quelques fleurs, qui pour être d'une conſiſtence charnuë & ſucculente, ou qui eſtant trop comprimez les uns contre les autres dans le calice, ſe collent ſi bien enſemble qu'ils forment des fleurs monopetales au lieu de polypetales.*

L'endroit d'ou les organes maſculins tirent leur origine, n'eſt pas toûjours le même dans toutes ſortes de fleurs. Ordinairement c'eſt de la baſe de l'Embrion du fruit lors qu'il eſt contenu dans la fleur, ſoit qu'elle ait pluſieurs petales ou qu'elle n'en ait qu'un, pourveû que les decoupures de celui-ci s'etendent juſque vers ſon centre. Quelquesfois auſſi, ces organes partent des reins de l'Embrion, comme dans le Grand Nenufar-blanc. [a] *Si la fleur porte ſur l'Embrion, qu'elle ſoit a calice & polypetale, ces mêmes organes ſortent, ou de la teſte de l'Embrion, ou de l'ongle des petales, ou des eſpaces vuides qu'ils laiſſent entr'-eux ; ou enfin de la ſurface interne de la partie du calice qui couronne l'Embrion.*

Mais quand la fleur eſt d'une ſeule piece decoupée peu profondement, ſoit qu'elle contienne l'Embrion ou que l'Embrion la ſoutienne ; ces organes naiſſent preſque toûjours des parois interieurs de la fleur ; & je ne ſçache pas qu'ils s'ecartent de cette regle, ſi ce n'eſt au Cabaret [b] *ou ils forment un collier ſous le pavillon de la trompe, ainſi que dans l'*Ariſtoloche *& au deſſus des Ovaires des* Pieds de veau [c] *d'Europe ; mais les fleurs de ces deux derniers genres ſont entieres & ſans lobes. A l'égard des fleurs qui ne ſont faites que pour contenir les ſeuls organes maſculins, on conçoit aſſez que ces organes ne peuvent être attachez que dans la concavité de ces fleurs.*

Comme les queuës des teſticules tiennent tout a fait de la nature des petales, il arrive fort ſouvent que dans quelques eſpeces de certains genres a fleurs polypetales, elles ſe traveſtiſſent en petales même pour former ces agréables monſtres *qu'on*

a Nymphaea alba major. b Aſarum. c Arum.

qu'on éleve avec tant de soin sous le nom de fleurs doubles *& parmi lesquelles on ne rencontre que peu ou point du tout de testicules : ces marâtres les devorant, pour ainsi dire dès le berceau, en s'appropriant toute leur nourriture.*

Mais ces gloutonnes n'en demeurent pas là. Egalement ennemies de tout sexe, après s'être défaites de l'un, elles attaquent aussitôt l'autre ; & l'affamant peu à peu, le font enfin mourir en langueur. De là vient que ses semences avortent & qu'il est rare d'en trouver de bonnes dans les infortunéz fruits de ces superbes fleurs.

Les Ovaires, que Malpighi nomme Matrices, *& que l'Autheur des Institutions de Botanique & ses Partisans appellent a tort où a travers, tantôt* pistiles *& tantôt* calices, *sont les organes feminins des plantes, L'usage en est trop connue pour m'y arrêter, & leurs figures trop diverses pour en faire ici la description. Il suffira de dire, que les semences qui sont de veritables œufs, s'y nourrissent jusqu'a leur parfaite maturité, & de Vous avertir que je divise ces organes en* panse *& en* coû, *ou si l'on veut, en* corps *& en* trompes.

Le corps *ou la* panse, *qui est la partie inferieure de l'ovaire, bien loin d'être toûjours renformée dans la fleur, comme par exemple, dans les plantes* cruciferes, *n'en est souvent que le support, comme dans les* Pomiferes, *dans les* Umbelliferes, *dans la plus part des* Liliacées, *des* Cucurbitacées *&c. Au lieu que les* trompes *qui la couronnent & la terminent, en quelque endroit qu'elle soit placée, ne manquent jamais d'être contenues dans la fleur. Preuve évidente que la fleur est uniquement faite pour la conservation des organes tant de l'un que de l'autre sexe, & nullement pour la préparation des sucs qui doivent servir de premiere nourriture a l'embrion du fruit, qui n'en tire que de son support ou pedicule qui est aussi celui de toute la masse de la fleur.*

Pour revenir aux trompes qu'avant & depuis Malpighi personne ne s'est avisé de bien distinguer de la panse de l'ovaire, & qu'on ne nous designe de fois à autres que sous des noms va-

vagues, comme de houpes *dans le* Safran; [a] *d'*aigrettes *dans l'ozeille*; [b] *de* feüilles *dans la Flambe*; [c] *de* clous *dans la Fleur de Paſſion*; [d] *de* chapiteaux *dans le Pavot*; [e] *de* filets *dans le* Maïs &c. *& aux quelles on ne donnoit pour toute occupation que le ſoin de décharger les jeunes fruits & les embrions de graines, de leurs ordures ou excrements, quoiqu'on ne laiſſat pas d'ailleurs, de les faire aller de pair avec le* piſtile *ce fameux Cheval de bataille pour lequel on leur faiſoit l'honneur de les prendre en pluſieurs occaſions. Ces trompes, dis-je, que je compare a celles de* Fallope, *en ce qu'elles tranſmettent aux petits œufs, non pas les grains de pouſſiere même qu'éjaculent ſur elles, ou dans leurs pavillons, les teſticules ou* ſommets, *comme le veut un Sectateur des viſions de Leeuwenhoek & d'Hartſoeker, mais ſeulement la vapeur, ou l'eſprit volatile qui ſe dégageant des grains de pouſſiere, va feconder les œufs. Car, je croi, Meſſieurs, qu'on doit être perſuadé que dans l'animal, ce n'eſt ni la matiere du maſle, ni ces pretendus vermiſſeaux ou animaux ſeminaires, qui operent dans la femelle l'œuvre de la fécondation, puiſque le même Malpighi, au rapport d'un Anatomiſte moderne,* [f] *a reconnu que le* Fœtus *ſe trouve dans les œufs des Grenoüilles & dans ceux des Poules avant la copulation, comme il eſt tres-certain que le germe ſe rencontre dans les ſemences des Plantes qui n'ont point été fecondées, & avec le parenchyme deſquelles ce germe ne fait qu'un continu. Donc, ce ne peut être que cet eſprit volatil auquel la matiere groſſiere ſert ſimplement de vehicule. Or la nature agiſſant toujours par des Loix uniformes, on doit conclure que ce qui ſe paſſe en cette occaſion dans les Animaux, ſe doit paſſer de même dans les Vegetaux.*

Suivant ce principe, il étoit fort inutile que ce zelé Leeuwenhoeckiſte ſe fatiguat tant les yeux a chercher dans les trompes *des plantes des conduits ſenſibles pour charier dans chaque œuf un germe imaginaire; & qu'il aſſeûrât con-*

[a] Crocus. [b] Acetoſa. [c] Iris. [d] Granadilla. [e] Papaver. [f] M. Dionis Edit. 1745. p. 322.

tre

contre la verité, que pour le peu que l'on se veuille bien donner la peine d'ouvrir les pistiles (*terme favori sous lequel il confond les trompes & les Ovaires*) on reconnoîtra tres-distinctement qu'ils sont toûjours ouverts a leur extremité, & percéz plus ou moins sensiblement jusqu'a leur bases.

On l'en auroit peû croire sur sa parole, si la plus part des preuves qu'il en donne avec un peu trop d'asseûrance ne le demantoient pas. Qu'on examine un peu les trompes du Potiron [a] *qui par leur énorme grosseur devroient le mieux quadrer a son idée, & l'on verra si elles sont veritablement telles qu'il depeint, & si au contraire, on ne les trouve pas exactement bouchées a leur extremité & remplies dans leur longueur, de même que la* panse *de l'Ovaire, d'une substance pulpeuse & succulente, qui ne sçauroit, sans de tres-grandes difficultez, permettre au moindre grain de poussiere, de se glisser dans l'Ovaire.*

A l'égard de la Pomme de Calvil [b], *comme ses trompes sont fort pointuës & aussi deliées a proportion que celles du Potiron sont épaisses, il est hors de doute que leurs ouvertures & leurs canaux ne sont pas plus réels; Et si l'on remarque des fentes, des cavitez, ou des fosses au bout de certaines trompes, elles n'y sont pratiquées que pour en etendre la surface & recevoir une plus grande quantité de poussiere; a quoi servent pareillement les têtes fongueuses & grenuës, les cornes, les filets, les houpes, les aigrettes, les panaches, les poils, le velouté &c. que l'on rencontre sur diverses troupes.*

Mais quand on lui passeroit l'existence de ces pretendus conduits, & la possibilité de l'intromission des grains de poussiere jusque dans la capacité des Ovaires, en concevroit-on mieux par ou ces mêmes grains predestinez entre tant d'autres, pourroient penetrer dans les œufs d'un Ovaire qui n'auroit qu'une cavité, comme par exemple, celui de la Primevere, *ou les œufs sont amoncelez sur un* placenta, *situé dans l'Ovaire a peu prés comme un fruit d'Al-*

[a] Melopepo. [b] Erythromelon magnum Parisiacum J. B. L. 14.

d'Alkekengi l'ét dans sa vessie, ou une bobeche dans une lanterne. Car alors, il faudroit qu'il arrivât necessairement de deux chose l'une, ou que ces grains cassassent la coque des œufs pour se pouvoir nicher dessous, ou que prenant une route plus longue, ils se coulassent entre ces œufs, qu'ils perçassent le placenta *pour l'enfiler, & de la passer dans les œufs. Ces routes paroissent elles naturelles & bien pratiquables ?*

Peut être me fera t-on la même objection a l'egard de ce que j'ai avancé touchant cette vapeur, cet esprit volatile, ou si j'ose me servir du terme de la Genese, de ce soufle, *lequel sortant des poussieres, va vivifier, animer, & a l'aide du suc nourrissier, developer ces racourcis des plantes, ou les germes de leurs petits œufs. Mais la reponse est toute prête, la voici. Les trompes n'étant qu'un prolongement de la pause de l'Ovaire qui est une envelope composée de même que les tiges, de deux sortes de tuyaux, sçavoir de ceux qui charient les sucs alimenteus, & de ceux qu'on nomme* trachées, *lesquelles, selon Malpighi, font dans les plantes, les fonctions de poulmons, il est aisé a ce* soufle *de s'insinuer par ces derniers vaisseaux qui se terminent a la surface des pavillons, laquelle surface est denué de la peau qui recouvre le corps des trompes; il est, disje, aisé a se* soufle *de passer des trachées, d'abord dans la base du* placenta *qui perce le fond de l'Ovaire, ensuite le long de son corps spongieux, & delà se distribuer parles cordons umbilicaux, jusque dans chaque petit germe qui presente sa* radicule *au trou de la coque de l'œuf avec lequel s'abouche le cordon umbilical, pour recevoir de ce cordon & le* soufle *& la nourriture.*

Qu'on épargne de tortures a son esprit, & de reproches à la nature, en s'en tenant a ce dernier raisonnement! Qui est-ce qui pouvoit s'imaginer qu'un prisme a quatre faces *devint la Pensée* [a]; un rouleau étranglé, *la Bourrache*; un rein, *la Jonquille*; qu'une croix *se peut metamorpho-*

[a] Viola species.

ser

ſer en Erable ; deux boules de criſtal étroitement collées l'une & l'autre, *en Grande conſoude &c.* ? *Ce ſont cependant là les figures qu'affectent dans ces diverſes Plantes leurs Embrions aux pieds poudreux. Et qui eſt-ce qui ne déchaineroit pas contre des méres, qui n'engendreroient tant de ſi beaux Enfans que pour le plaiſir de les perdre par aprés ſans reſſource, & confier au caprice du bazard, le ſoin d'en ſauver ſeulement quelques uns.* Car *enfin, l'on voit des fleurs qui aiant juſqu'a vingt cinq ou trente étamines (comme la pluspart de celles des fruits à noyau) ne contiennent cependant qu'un ſeul œuf. Que de germes detruits! c'eſt ce que je laiſſe a ſupputer par le prodigieux nombre que chaque* ſommet *en expulſe, où par ce qui en reſte dans ſon ſein d'ou il n'eſt pas toûjours neceſſaire que ces grains de pouſſiere denichent, ſi ce ne ſont ceux des* fleurs ſteriles ; *car ces derniers devant être chariez par l'air ſur les* fleurs fertiles, *s'envolent tous, ſoit par leur ſechereſſe & legereté naturelle ; ſoit par la rude & bruſque ſecouſſe qu'ils reçoivent de la forte contraction de leur capſule ; Au lieu que ceux des fleurs ou ſe rencontrent les deux ſexes, pour ſe trouver tout portes ſur l'objet deſiré, ſont en comparaiſon des autres, de vrais cûs de jatte, qui aprés s'être énervez par de longs & doux écoulements de leur ſoufle prolifique, reſtent en partie dans leurs capſules beante, ou ſe qui s'en accroche aux trompes, y demeure & ſe deſſeiche avec elles.*

Mais avant que de ſortir de la pouſſiere, il faut que je rapporte une obſervation qui ſeule ſuffit, ce me ſemble, pour culbuter le ſyſteme ingenieux de celui qui a tant pris de plaiſir à la faire voler ſans qu'il m'en ſoit entré le moindre grain dans les yeux. Qu'on examine bien le Papaver Orientale hirſutiſſimum, flore magno. *Cor. J. R. Herb.* 17. *ſi aprés que la fleur de cette plante eſt épanoüie l'on en ouvre l'ovaire tranſverſalement, ou de baſe en baut, on trouvera que les feüillets de ſon* placenta *& les petits*

œufs

œufs qui les couvrent, sont blancs, quoique les trompes soient cependant toutes imbibées de la teinture que leur suc a tiré des grains de poussiere qui s'y sont épanchez. D'où l'on doit inferer qu'il n'en entre aucun grain, ni dans ces feuillets, ni dans les œufs : car s'il étoit vrai qu'il y en entrât, on ne pourroit les y perdre de veuë, tant a cause de leur couleur d'Indigo ; *que par la quantité qu'il en faudroit pour la multitude d'œufs dont ces feüillets sont chargez de part & d'autre.*

Au sur plus, le public doit être obligé a cet habile Physicien, 1o. *De ce qu'ayant reconnu par des observations tres-exactement faites dans le Cabinet, que la seule suppression des poussieres étoit capable de faire avorter les fruits, couler la Vigne, nieller, échauder, bruster & ergoter les Bleds, il l'a si heureusement tiré de cette erreur rustique, qui lui faisoit attribuer tant de facheux evenements, aux pluïes froides, a la fraicheur de la terre, a la gelée, aux broüillards épais & puants, & enfin a des coups de Soleil, tout meurtiers, disoit-on, qui aprés avoir engourdi la seve, pincé, étranglé, cauterisé, & déchiré ses vaisseaux, alteré & detruit totalement la tissure & la substance de ces delicats Embrions, les faisoient a la fin miserablement perir.*

2o. *De ce que ne s'étant point encore apperceû que les œufs des Poulles qui vivent dans le celibat & la continence, doivent (a l'instar des fruits qui n'ont pas été engrossez de ce tout-puissant grain de poussiere,) être moins gros, moins pleins, & moins bons a manger que les autres; il prendra d'oresnavant un grand soin de donner de bons masles à ces chastes femelles, afin d'avoir d'excellents œufs.*

Je reviens aux differents sexes des Plantes. Comme tout le Monde sçait qu'ils ne se trouvent pas toûjours rassemblez dans une même fleur, & qu'au contraire, l'un est souvent separé de l'autre, tantôt sur le même individu, tantôt sur des pieds differents, j'ai creû a cette occasion devoir

devoir établir de trois ſortes de fleurs, ſçavoir de Maſles, *de* Femelles *& d'*Androgines *ou* Hermaphrodites ; *noms qu'un doux & officieux Echo* * *a bien voulu repeter (au moins les deux premiers) dans une Royale aſſemblée, pour les transmettre par avance a la poſterité ainſy que quelques autres particularitez qu'il n'a pas ſi fidellement rapportées ; quoy qu'on ne lui en eût pas fait plus de myſtere, croyant bonnement qu'il n'appartenoit qu'au Corbeau de la fable, de ſe parer des plumes du Geay. Mais a Dieu ne plaiſe que je veüille revendiquer ces particularitez ſi deſigurées & lui envier la moindre de toutes les jolies choſes qu'il a butinées par ci par la dans les autheurs pour en groſſir ces obſervations ; on lui abandonne de bon cœur les unes & les autres pour s'en tenir a la pure nature, ſeul livre qu'il faut feüilleter pour n'être pas trompé & pour n'en impoſer à perſonne.*

Les Fleurs Maſles *que les Botaniſtes modernes nomment* Steriles *où* Fauſſes-fleurs, *ſont celles qui ne contiennent que les organes maſculines dont j'ai parlé.*

Les Femelles, *que ces mêmes Botaniſtes appellent* Fleurs noüées, *où* Fleurs à fruit, *ne renferment que l'ovaire ou ſeulement les* trompes *qui, comme j'ai desja dit, ſont les parties ſuperieures de cet organe feminin.*

Et les Fleurs Androgynes *où* Hermaphrodites *auxquelles ils n'ont point donné de nom, ſont enfin celles ou les deux ſexes ſe trouvent conjointement.*

Je paſſe aux calices *qui n'eſtant point des parties eſſentielles aux fleurs, ne ſe rencontrent pas auſſi dans toutes. Ainſi je nomme les unes* Fleurs à calice, *où* Fleurs complettes, *& les autres,* Fleurs ſans calice *où* Fleurs incomplettes.

On entend aſſez que le calice eſt a la fleur, ce que la fleur eſt aux organes de la génération ; c'eſt a dire qu'il lui ſert principalement d'envelope, ſurtout lors qu'il eſt de pluſieurs pieces : car entre les calices d'une ſeule piece, il s'en voit de ſi courts, qu'ils ne peuvent ſervir que de doüille & d'emboiture a la partie inferieure de la fleur, pour l'aſſujetir & l'affermir en place. *Cela*

* l'Autheur des obſervat. ſur la ſtructure & l'uſage des principales parties des fleurs.

Cela posé, il s'agit presentement, Messieurs, de Vous donner des expedients pour connoître au premier coup d'œil si le calice est d'une seule piece ou de plusieurs; car faute de Methode, les plus grands maîtres s'y sont souvent trompez ainsi qu'a l'egard des fleurs.

On connoit que le calice est d'une seule piece (bien qu'il ne le paroisse pas, étant decoupé jusqu'a sa base) si en tirant un de ses lobes, il fait resistance, & se déchire plûtôt que de se détacher nettement du pedicule. On le connoîtra encore mieux, si l'on s'apperçoit que ce calice subsiste après que la fleur est tombée; car les calices de plusieurs pieces n'étant que contigus, collez, ou articulez, pour ainsi dire, avec le pedicule, tombent ordinairement, ou avant la fleur, comme au Pavot, *a la* Chelidoine *&c. où en même temps, ou immediatement après, comme à la* Renoncule *& aux* plantes cruciferes. *Au lieu que les calices d'une seule piece, s'usent plûtôt que de se détacher de leur support ou ils sont continus, n'en étant proprement que des prolongements & des expansions. Ainsi on rangera doresnavant parmi cette derniere sorte de calice, ceux de* Telephium, *d'*Helianthemum, *d'*Androsaemum, *d'*Hypericum, *d'*Ascyrum *de* Ruta *de* Paeonia *de* Linum, *d'*Alsine *&c. qu'on veut nous faire passer pour calices de plusieurs pieces.*

Si le calice couronne l'Ovaire ou l'Embrion du fruit, ce qui est la même chose, il est hors de doute, qu'il est d'une seule piece, & qu'il ne fait qu'un corps avec cet Embrion. Donc les calices de Circæa *&* de Chamænerion *qu'on dit être de plusieurs pieces, ne sont que d'une seule.*

On doit encore compter que le calice est d'une seule piece, lorsque la fleur l'est aussi: Et on ne voit guere de calices a plusieurs pieces qu'aux plantes que j'ai desja nommées qui sont les Cruciferes, *aux vrayes especes de* Renoncules, *au* Pavot, *au* Glaucium, *au* Corchorus, *au* Chelidonium, *a l'*Hypecoon, *au* Leontopetalon, *a l'*Epimedium, *a la* Christophoriana *& a quelques unes dont l'Ovaire s'ouvre en valise*

*lise c'est a dire d'un bout a l'autre, & d'un seul côté, soit que cet ovaire soit simple où composé; Et alors la couleur de leurs calices, qui jusqu'a present, ont été pris pour leurs fleurs, est semblable a celle des petales de ces mêmes fleurs. C'est ce qu'on remarque dans l'*Aconitum, *le* Delphinium, *la* Nigella, *l'*Aquilegia *&c.*

Si l'on demande pourquoi toutes les fleurs n'ont point de calice, on repondra que celles qui sont d'une consistence épaisse, ou charnuë, ainsi que les teguments de leurs ovaires, comme en la plûpart des Plantes Liliacées, *a la* Pulsatilla *&c. n'en avoient que faire, étant de leur nature a l'épreuve de tout évenement. Et que le Createur dont l'infinie sagesse éclate & se fait admirer jusque dans ses plus petits ouvrages, n'en a donné de bien marquez qu'a trois sortes de fleurs.* 1°. *a cellez qui pour être trop minces & trop delicates, comme au* Pavot, *au* Ciste *&c. n'auroient peû sans cette espece de surtout, resister aux moindres injures du temps,* 2°. *a celles qui pour avoir des petales trop courts & trop étoits, auroient exposé a nud des organes analogues à ceux que la pudeur veut absolument que l'on cache, lesquels se seroient fletris & usez avant que de pouvoir servir. Telles sont les fleurs de l'*Elleborus niger, *de l'*Aconitum *de la* Nigella *&c.* 3°. *Enfin il en a pourveû tout de celles dont la cheûte auroit indubitablement été suivie, de la perte des Ovaires, qui pour se trouver composez & tres foiblement attachez autour d'une espece d'Axe, comme dans les* Plantes Aviferes *ou* Labiées, *dans les* Borraginées, *dans une partie des Malvacées &c. se seroient détachez au moindre ébranlement, s'ils n'eussent été appuïez ou addossez d'un calice; ou qui pour être d'une étoffe fort legere, comme au Geranium a la Mauve &c, auroient bientôt peri par trop de chaud ou trop de froid, sans l'abry de ce rempart, qui le plus souvent est double dans les plantes* Malvées.

Après vous avoir donné des moyens pour bien demesler les calices d'une seule piece d'avec ceux de plusieurs pieces, je vais vous dire presentement comment on peut discerner les fleurs monopetales des polypetales. Si

Si les fleurs sont incomplettes ou sans calice qu'elles subsistent, s'accroissent, & servent d'envelope au fruits apres la cheûte des étamines, il est constant qu'elles ne peuvent estre que d'une seule piece, & par consequent que de simple prolongements de leurs pedicules, encore qu'on nous les donne la plûpart pour des corps composez de plusieurs pieces. Telles sont les fleurs de Beta, *d'*Acetosa, *d'*Atriplex, *de* Spinacia, *de* Mercurialis, *de* Kali, *de* Veratrum, *d'*Amaranthus, *de* Potamogeton *&c.*

Le contraire arrive aux fleurs polypetales incomplettes, lesquelles se fletrissent & tombent ou avant, ou en même temps que les étamines, laissant l'ovaire a nud: comme celles de Tulipa, *de* Lilium *&c.*

Quand la fleur est complette & que son calice est de plusieurs pieces, la fleur l'est indubitablement aussy. Mais si le calice estant d'une seule piece, la fleur paroissoit l'être pareillement, alors pour prononcer juste, il faut avoir recours a l'origine des étamines: car si elles partent des parois de la fleur, c'est une marque asseûrée qu'elle est monopetale, comme celle de la grande Gentiane: *au lieu que si elles sortent immediatement de la base de l'ovaire, c'est signe que la fleur est polypetale. Donc il faut rapporter la fleur de* Ficoides *parmi les polypetales quoiqu'on l'ait mise* * *au rang des monopetales.*

Dans les fleurs masles, ainsi que dans les Hermaphrodites, le nombre des testicules ou étamines, n'est pas d'un petit secours pour débroüiller les monopetales des polypetales; les premiers n'ayant communement qu'autant de testicules que de découpures: comme dans les fleurs des plantes Rubiacées, Borraginées *&c. Quelquefois elles en ont moins, comme les fleurs de* Veronica, *de* Ligustrum, *de quelques especes de Jasmin &c. Et je ne sçache guere que celles de* Styrax, *de* Cotyledon major, *d'*Arbutus, *de* Vitis Idæa, *d'*Erica, *d'*Acacia, *de* Mimosa, *d'*In-

* Mem, de l'Acad. R. des Sc. ann. 1705. p. 239.

d'Inga, & *de quelques autres plantes* Legumineuses, *qui aient plus d'étamines que découpures. Au lieu que le plus grand nombre des fleurs polypetales, tant celles qui portent sur l'Ovaire, que celles qui le renferment, soit qu'elles soient complettes ou incomplettes, ont plus de testicules que de petales. La fleur de* Balsamina, *par exemple, a cinq testicules contre quatre petales; celle d'*Hippocastanum, *sept contre cinq; celle de* Cardamindum & de *l'*Acer, *huit contre cinq; celles des plantes cruciferes, six contre quatre, quelque fois plus, (ce qui est fort rare) mais jamais moins. Les fleurs* d'Herba Paris, *de* Geum, *de* Saxifraga, *de* Sedum, *d'*Anacampseros, *de* Salicaria, *d'*Onagra, *de* Chamaenerion, *de* Geranium, *de* Ruta, *de* Fabago, *de* Tribulus, *de* Fraxinella, *de* Caryophyllus, *de* Lychnis, *de* Myosotis, *de quelques* Alsine, *de toutes plantes Legumineuses papilionacées, de l'*Oxycoccus, *de l'*Azedarach & d'Oxys, *ont toutes une fois plus de testicules que de petales. Celles d'*Harmala *en ont quinze contre cinq; Et si du restant prodigieux de ces sortes de fleurs, on en excepte seulement celles des Umbelliferes & de quelque peu d'autres genres, dans lesquelles on rencontre les testicules & les petales en nombre égal, les fleurs de tous les autres genres en ont pour ainsy dire, des Legions.*

A l'egard des fleurs monopetales Hermaphrodites dépourveües de calice, j'en ai remarqué de quatre sortes par rapport au nombre de leurs testicules comparé a celui de leurs découpures. Dans la premiere sorte on trouve moins de ceux-ci & plus de celles-la. Dans la seconde, le nombre des uns & des autres est égal. Dans la troisiéme, on compte une fois plus de testicules que de decoupures; Et dans la quatriéme sorte, le nombre de ces organes masculins est encore plus grand que dans celles de la troisiéme.

De la premiere sorte, sont les fleurs de Valeriana,
de

de Valerianella, *de* Blitum, *d'*Alchimilla, *d'*Orchis, *d'*Elleborine ; *de* Calceolus, *de* Limodorum, *d'*Ophris, *de* Nidus avis, & *de plusieurs autres plantes Liliacées.*

De la seconde sorte, sont celles de Rhabarbarum, *de* Beta, *d'*Atriplex, *d'*Herniaria, *de* Parietaria, *de* Polygonum, *de* Fagopyrum, *de* Kali, d'Amaranthus *&c.*

De la troisiéme je ne connois encore que la fleur de Knawel *ou* d'Alchimilla gramineo folio, majori flore *J. R. H.* 508.

Enfin entre les fleurs de la quatriéme & derniere sorte, sont surtout les fleurs de Tithymalus.

*Il ne faut pas finir, Messieurs, sans vous faire observer que lorsque les fleurs monopetales qui sont accompagnées de l'ovaire, ne sont pas des expansions continuës de la peau de leur support, elles sont toûjours percées dans leur fond. Et si cela n'étoit, comment voudroit-on qu'elles donnassent passage a cet ovaire ou a ses trompes ? On nous dit pourtant positivement, (dans une methode un peu trop ventée) que la fleur de l'*Androsace, *n'est point percée ; Et que celles de la* petite Centaurée, *du Plantin, de* Polygala & *du Chevrefeüille, sont fermées dans leur fond, bien que ces diverses fleurs soient a calice.*

Voila, en général, Messieurs, l'idée qu'il faut se former de la structure des fleurs, de leurs differences, & de l'usage de leurs parties.

Avant que d'en venir a la demonstration des Genres, j'en établirai toûjours le caractere conformement a la methode que j'aurois déja donnée au public, ainsy que mon Herbier des environs de Paris, *si mon peu de santé me l'eût permis. Car de pretendre avec un autheur celebre que la plus part de ces Genres soient établis seulement par rapport à une structure bien ou mal entenduë des deux sortes de parties dont il s'est servi, & a certaines ressemblances qu'il s'est imaginé quelles ont avec des choses connuës auxquelles il les compare, c'est en verité se mo-*

moquer. Et pour le peu qu'on ſuive une methode qui ne roule que ſur des principes ſi vagues & ſi paſſagers, on en eſt bientôt dégouté.

Auſſi ne voit on que quelques brocheurs de nouveaux genres qui étant éblouïs de ſon riche clinquant, je veux dire, de la beauté & de la multitude de ſes figures dont les trois quarts ſont inutiles; Et perſuadez par les temoignages authentiques de l'autheur, que cette methode eſt excellente, qu'il n'eſt guere poſſibile d'en reduire d'autres en pratique, Et que c'eſt la ſeule qui ſe puiſſe accommoder a l'uſage; *on ne voit disje que ces Meſſieurs, qui, pleins de confiance, oſent marcher de pied ferme dans ce champ encore plus heriſſé de Ronces & d'Epines, qu'il n'eſt ſurchargé de portraits de fleurs & de fruits. Eh, qui ne ſe recriroit pas à l'aſpect de toutes leurs mepriſes!*

Annexe II La reproduction sexuée des champignons supérieurs (Résumé)

1) Il y a deux grands groupes de champignons supérieurs : les **Ascomycètes** formant des sortes de petites « coupes » au-dessus du sol (exemple : la Pezize) et les **Basidiomycètes** (exemple : le Coprin) qui présentent des « petits chapeaux » sur le sol. Coupes et chapeaux sont les *carpophores* des cycles de reproduction sexuée ; ils forment ce qu'on appelle communément les champignons.

Les organismes des champignons sont constitués de filaments (*les hyphes)* parallèles ou entrecroisés, formant ensemble un *mycélium.*

2) Les cycles de reproduction sexuée

Des spores haploïdes germent sur le sol formant un mycélium primaire.

3) Plasmogamie

La reproduction sexuée est initiée par le contact entre deux hyphes haploïdes compatibles de polarités complémentaires (issus de deux myceliums primaires+ et -) dont la rencontre donne lieu à une *plasmogamie* : c'est un processus de fusion de deux cellules compatibles au cours duquel les membranes et les cytoplasmes des deux cellules fusionnent mais pas les deux noyaux ; ainsi naît une première cellule à deux noyaux haploïdes ou *dicaryon* ; en se multipliant cette cellule donne un mycélium constitué d'hyphes dicaryotiques formant un mycélium secondaire.

4) Caryogamie

Après un certain temps de développement la cellule terminale de ce mycélium secondaire va voir la fusion de ses deux noyaux ou *caryogamie* : c'est une véritable fécondation.

5) Carpophores

Chez les champignons supérieurs, le mycélium secondaire contribue seul (chez les Basidiomycètes) ou en union avec le mycélium primaire (chez les Ascomycètes) à l'édification d'un *carpophore.*

a) Basidiomycètes (figure 42)

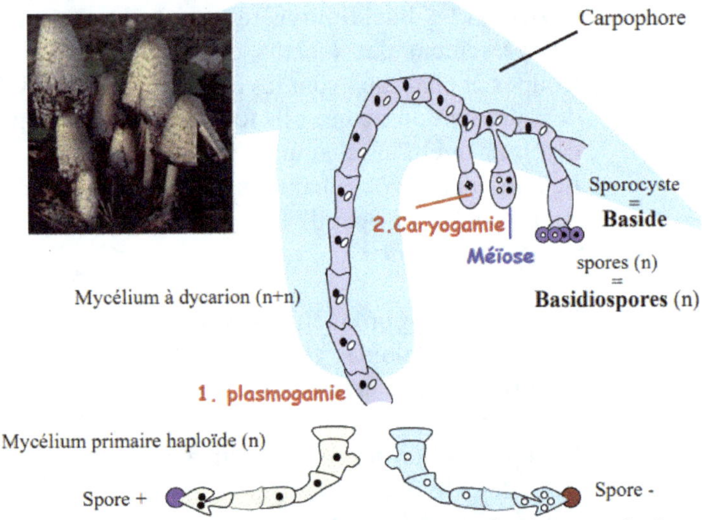

Figure 42- Cycle de reproduction sexuée des Basidiomycètes (Exemple du Coprin)

On observe l'édification d'un carpophore dressé (ou chapeau) par union des hyphes dicaryotiques qui se dressent parallèlement.

Dans les lamelles pendant sous le chapeau, une cellule terminale d'un hyphe du mycélium secondaire subit la caryogamie puis une méiose donnant quatre méiospores. La cellule terminale allongée est une baside libérant par désintégration de la paroi, quatre *basidiospores* + et – qui tombent sur le sol. Le cycle de reproduction sexuée est bouclé.

b) Ascomycètes (figure 43)

Le mycélium primaire haploïde en union avec des hyphes du mycélium secondaire dicaryotique (dérivé d'une plastogamie) forment le bas de la coupe (=carpophore). Les lamelles contenues dans la coupe (ces lamelles forment l'*hyménium*) sont un mélange d'hyphes haploïdes du mycélium primaire (stériles : ce sont les *paraphyses*) et d'articles fertiles (les *asques*) dérivés du mycélium secondaire. Dans les cellules terminales des hyphes dicaryotiques du mycélium secondaire, une caryogamie se produit suivie d'une méiose donnant quatre méiospores ; chaque méiospore subit une mitose et l'asque finale contient 8 *ascospores* alignées : deux paires d'ascospores + et deux paires d'ascospores -. Les ascospores + et – tombent sur le sol et le cycle de reproduction sexuée est bouclé.

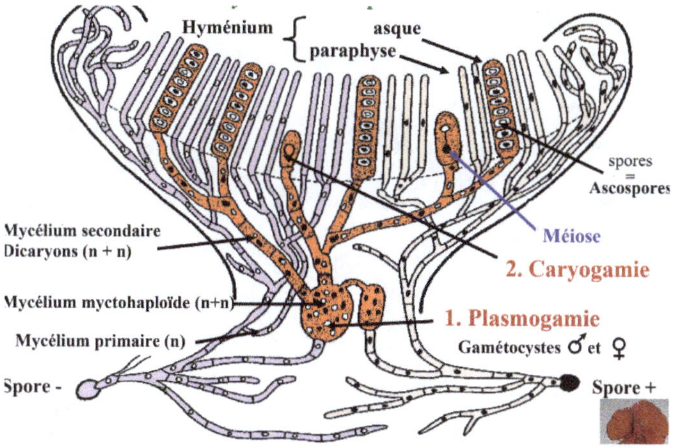

Figure 43– Cycle de reproduction sexuée des Ascomycètes.

Annexe III La reproduction asexuée ou multiplication végétative

Beaucoup d'êtres vivants peuvent se multiplier sans avoir recours aux cellules sexuelles (gamètes). Des fragments d'organismes de quelques cellules (appelées le plus souvent spores) peuvent être dispersés dans le milieu et reproduire l'organisme initial par une série de mitoses lorsque le milieu est favorable. D'ailleurs les spores sont souvent des formes de résistance au froid ou à la sécheresse. Les spores sont parfois réduites à une seule cellule chez les champignons.

I Pour les plantes supérieures les jardiniers utilisent deux techniques de multiplication végétative : le **bouturage** ou le **marcottage**.

Le **bouturage** (figure 44) utilisé pour certaines plantes (saule, menthe) consiste à cloner une plante (fille) à partir d'un fragment d'organe isolé de la plante-mère (morceau de feuille, tige, racine, rameau, écaille de bulbe) pour ainsi obtenir un nouvel individu génétiquement identique à la plante d'origine .Il faut déposer l'organe prélevé dans le sol puis l'arroser pour que des racines se développent : une dédifférenciation cellulaire se produit, un amas de cellules indifférenciées se multiplient par mitoses formant un *méristème*. Des racines apparaissent : c'est une *rhizogenèse.*

Le **marcottage** (figure 44) est une méthode de multiplication des végétaux par rhizogenèse induite sur une partie aérienne de la plante-mère primitivement hors du sol. On utilise le marcottage pour cloner des plants de fraisier, groseillier, framboisier, mûrier ou d'autres plantes qui possèdent des tiges rampantes sur le sol (stolons).

Figure 44 – Les deux méthodes de multiplication végétative des plantes supérieures.

Lorsqu'un stolon entre en contact prolongé avec un sol humide, des racines se développent et forment un nouveau plant. Pour le rendre indépendant de la plante-mère, il suffit de sectionner le reste de stolon.

II Pour les champignons courant sur le sol (Thallophytes)

La multiplication végétative s'effectue par *sporulation*. Ce processus se réalise grâce à des cellules spécialisées qui naissent par mitose d'une cellule-mère. Deux situations peuvent s'observer (figure 45) :

a) Les spores restent prisonnières (provisoirement) de l'enveloppe de la cellule-mère qui s'est multipliée et transformée en *sporocyste*. Souvent le sporocyste repose sur un pied dont l'extrémité se dilate en boule formant la *columelle*. C'est le cas bien connu du thallophyte *Mucor mucedo*.
b) La cellule-mère donne naissance à des cellule exogènes ou conidies portées par un conidiophore en pinceau (*Penicillium*) ou en goupillon (*Aspergillus*).

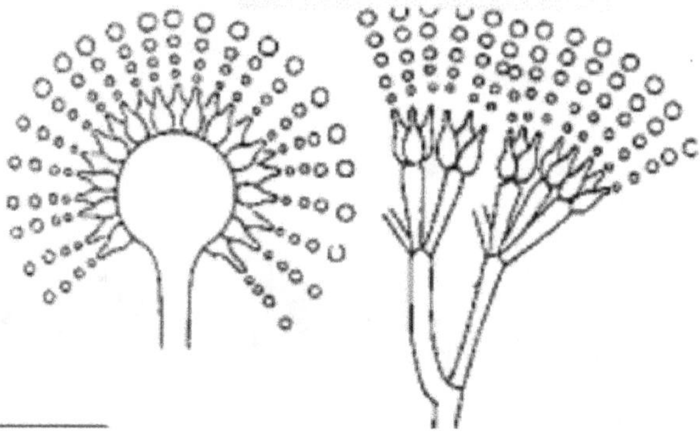

Figure 45 - Reproduction asexuée des champignons thallophytes
À gauche : *Aspergillus*. On observe la columelle du sporocyste portant les spores qui se disperseront pour la reproduction asexuée. À droite : *Penicillium* avec un conidiophore en pinceau.

Remerciements

Mon ami Jean Vallade, professeur à l'Université de Bourgogne, m'a offert, dès sa parution en 2008, son livre : *L'œil de lynx des microscopistes. La sexualité végétale : l'approche des micrographes depuis le XVIIe siècle*. Toute ma réflexion sur la détermination du sexe chez les Végétaux est partie de la lecture de cet ouvrage qui couvre tous les aspects cellulaires de la question.

Ma jeune collègue Cécile Fruchard, de l'Université de Lyon, a eu l'excellente idée de mettre en ligne sa Thèse de 2018 sur *Les chromosomes sexuels et la détermination du sexe dans les plantes*. Cette thèse m'a introduit aux travaux récents de biologie moléculaire et de génomique évolutive sur la détermination du sexe chez les végétaux.

Enfin, bien que dépourvus de chlorophylle et classés par les scientifiques dans un phylum distinct des végétaux (autotrophes), les champignons (saprophytes) sont encore souvent rattachés aux plantes dans la culture populaire. Grâce au Netbook en ligne (*Le monde des champignons*) de mon ami Louis Chavant, professeur à la faculté de Pharmacie de Toulouse, j'ai donné en annexe quelques indications sur la reproduction sexuée des champignons supérieurs.

Je remercie mon fils Laurent pour son aide à la mise en pages du manuscrit.

Paul Mazliak

Sébastien Vaillant, Charles Darwin et la difficile découverte de la sexualité des plantes

Table des matières

- Introduction

- Chapitre 1. Le sexe des plantes en botanique avant Sébastien Vaillant

I. Le sexe des plantes dans l'Antiquité grecque
II. Le sexe des plantes dans l'Antiquité romaine
III. La botanique au Moyen-Âge
IV. Le sexe des plantes dans la botanique de la Renaissance
V. La sexualité des plantes pour les botanistes du XVIIe siècle

- Chapitre 2. Sébastien Vaillant, un botaniste infatigable

I. Naissance de la vocation de botaniste chez le jeune Sébastien Vaillant
II. Sébastien Vaillant assistant de Tournefort
III. Professeur au Jardin du Roi
IV. *Les Remarques sur la méthode de Monsieur Tournefort*
V. Les dernières années du grand botaniste

- Chapitre 3. Le *Discours sur la structure des Fleurs* (1717)

I. Les enveloppes externes des organes génitaux
II. Les Étamines
III. Les Ovaires
IV. Sur le rôle fécondant du pollen
V. Les différentes sortes de fleurs
VI. La polémique Vaillant-Geoffroy

- Chapitre 4. Le rôle des insectes dans la pollinisation des fleurs

- Chapitre 5. Les travaux de Charles Darwin (1809-1882). La fécondation croisée des plantes hermaphrodites : une ébauche de sexualité ?

I. Les oiseaux des îles Galápagos

II. La théorie de l'Évolution
III. Hésitations de Darwin sur l'évolution des plantes
IV. Les avantages de la fécondation croisée pour la reproduction des plantes
V. La fécondation croisée liée à l'hétérostylie
VI. Quelques considérations génétiques modernes sur l'hétérostylie

- Chapitre 6. L'apport des microscopistes : la double fécondation chez les Angiospermes
I. Le cycle de développement des plantes à fleurs
II. La double fécondation chez les Angiospermes

-Chapitre 7. L'apport des généticiens
I. L'induction florale
II. Le contrôle génétique du développement des fleurs
III. la détermination chromosomique du sexe
IV. La détermination génétique du sexe chez les plantes dioïques
V. Auto-incompatibilité pollen-stigmate
VI. La question de l'origine des Angiospermes au cours de l'évolution des plantes

- Conclusion générale

- Bibliographie

- Annexe I. *Le Discours sur la structure des fleurs* de Sébastien Vaillant (1718)
- Annexe II. Reproduction des Champignons
- Annexe III. Multiplication végétative

- Remerciements

Structures éditoriales du groupe L'Harmattan

L'Harmattan Italie
Via degli Artisti, 15
10124 Torino
harmattan.italia@gmail.com

L'Harmattan Hongrie
Kossuth l. u. 14-16.
1053 Budapest
harmattan@harmattan.hu

L'Harmattan Sénégal
10 VDN en face Mermoz
BP 45034 Dakar-Fann
senharmattan@gmail.com

L'Harmattan Cameroun
TSINGA/FECAFOOT
BP 11486 Yaoundé
inkoukam@gmail.com

L'Harmattan Burkina Faso
Achille Somé – tengnule@hotmail.fr

L'Harmattan Guinée
Almamya, rue KA 028 OKB Agency
BP 3470 Conakry
harmattanguinee@yahoo.fr

L'Harmattan RDC
185, avenue Nyangwe
Commune de Lingwala – Kinshasa
matangilamusadila@yahoo.fr

L'Harmattan Congo
67, boulevard Denis-Sassou-N'Guesso
BP 2874 Brazzaville
harmattan.congo@yahoo.fr

L'Harmattan Mali
ACI 2000 - Immeuble Mgr Jean Marie Cisse
Bureau 10
BP 145 Bamako-Mali
mali@harmattan.fr

L'Harmattan Togo
Djidjole – Lomé
Maison Amela
face EPP BATOME
ddamela@aol.com

L'Harmattan Côte d'Ivoire
Résidence Karl – Cité des Arts
Abidjan-Cocody
03 BP 1588 Abidjan
espace_harmattan.ci@hotmail.fr

Nos librairies en France

Librairie internationale
16, rue des Écoles
75005 Paris
librairie.internationale@harmattan.fr
01 40 46 79 11
www.librairieharmattan.com

Librairie des savoirs
21, rue des Écoles
75005 Paris
librairie.sh@harmattan.fr
01 46 34 13 71
www.librairieharmattansh.com

Librairie Le Lucernaire
53, rue Notre-Dame-des-Champs
75006 Paris
librairie@lucernaire.fr
01 42 22 67 13

www.ingramcontent.com/pod-product-compliance
Lightning Source LLC
LaVergne TN
LVHW010935051026
849532LV00003B/987